可持续发展
生态文明的构建
Sustainable Development
Building Civilized Business Eco-Systems

 北京大学管理案例研究中心 ◎ 编著

图书在版编目(CIP)数据

可持续发展：生态文明的构建/北京大学管理案例研究中心编著. -- 北京：北京大学出版社，2025.5. -- (光华思想力书系). -- ISBN 978-7-301-36130-6
Ⅰ. X321.2；X22
中国国家版本馆 CIP 数据核字第 2025CS6015 号

书　　名	可持续发展：生态文明的构建
	KECHIXU FAZHAN: SHENGTAI WENMING DE GOUJIAN
著作责任者	北京大学管理案例研究中心　编著
责任编辑	余秋亦　任京雪
标准书号	ISBN 978-7-301-36130-6
出版发行	北京大学出版社
地　　址	北京市海淀区成府路 205 号　100871
网　　址	http://www.pup.cn
微信公众号	北京大学经管书苑(pupembook)
电子邮箱	编辑部 em@pup.cn　总编室 zpup@pup.cn
电　　话	邮购部 010-62752015　发行部 010-62750672
	编辑部 010-62752926
印　刷　者	北京宏伟双华印刷有限公司
经　销　者	新华书店
	720 毫米×1020 毫米　16 开本　17 印张　256 千字
	2025 年 5 月第 1 版　2025 年 5 月第 1 次印刷
定　　价	66.00 元

未经许可，不得以任何方式复制或抄袭本书之部分或全部内容。
版权所有，侵权必究
举报电话：010-62752024　电子邮箱：fd@pup.cn
图书如有印装质量问题，请与出版部联系，电话：010-62756370

编委会

顾　问：刘　俏　马化祥

编　委：刘宏举　刘晓蕾　麻志明　孟涓涓
　　　　任　菲　虞吉海　张建君

主　编：王铁民　张　影

编写组：北京大学管理案例研究中心

序：以中国案例破解时代命题

在这个被技术革命与全球变局双重定义的年代，中国经济正经历着从"高速增长"向"高质量发展"的深刻转型。这一进程中，企业家的创新实践、政策的制度突破、产业的生态重构共同构成了中国商业文明的独特叙事。然而，如何将散落于960万平方公里土地上的鲜活实践提炼为可复制的管理智慧？如何让世界读懂中国经济社会发展的底层逻辑？我们从那些扎根中国实践的案例之中或许可以找到破题的脉络。

四秩春秋，北京大学光华管理学院始终秉持"创造管理知识，培养商界领袖，推动社会进步"的使命。以二十五年案例积淀为基，四十年光华学术追求为脉，北京大学管理案例研究中心构建起观察中国管理变革的立体坐标。这套案例集的编写，既是对光华管理学院四十年教研积淀的系统梳理，更是向这个伟大时代的躬身应答。

光华管理学院的案例集，从来并非对商业现象的简单记录，而是一面棱镜，折射出中国企业在全球化、数字化、低碳化浪潮中的突围与进化。这些案例的背后，是企业家在不确定性中寻找确定性的勇气，是政策制定者在制度设计中平衡效率与公平的智慧，更是学者们以学术之眼洞察时代命题的担当。

本套案例集的编写恪守三大原则：一是时代性，聚焦技术革命、产业升级、可持续发展等全球性命题下的中国方案；二是典型性，选择具有范式意义的实践样本，涵盖头部企业引领性创新与中小企业适应性突破；三是思辨性，通过保留决策情境的复杂原貌，引导读者在多重约束条件下寻求最优解。

案例的价值在于将个体的经验升华为群体的知识资产。我们拒绝将商业成功简化为公式化的教条，而是直面那些决策的困惑、转型的阵痛与创新的试错。这种"从实践中来，到实践中去"的方法论，使得这些案例成为商学院课堂的思辨载体，也是企业家案头的实战指南，为读者提供窥见中国商业生态的独特窗口。

当前全球管理学界亟须理解中国经济韧性的底层逻辑，全球商学院都在寻找理解中国经济的解码器，这些案例构成了最具说服力的注脚。我们期待通过这些真实叙事，让世界看到中国企业创新绝非简单的模式移植，而是制度优势与文化基因共同作用的范式创新。

四十不惑，更期千里。北京大学管理案例研究中心二十余载深耕，已构建起"理论嵌入、动态追踪、多维互鉴"的研究体系，彰显出"因思想，而光华"的精神追求。展望未来，我们将继续扎根中国大地，用更立体的案例矩阵记录商业文明的演进，用更创新的教研方法培育时代需要的管理人才，用更具穿透力的理论建构参与全球管理知识体系的对话。让我们共同见证，中国管理智慧如何在这变革的时代，光华永驻。

是为序。

刘 俏

北京大学光华管理学院院长

2025 年 5 月

PREFACE 前 言

北京大学管理案例研究中心成立于2000年4月，是隶属于北京大学的案例开发研究机构和案例推广服务平台。二十余年来，北京大学管理案例研究中心依托北京大学光华管理学院在工商管理众多相关学科领域雄厚的师资力量，组织开发教学案例并建设案例库，近年来收录了三百余个具有代表性的企业案例，内容涉及企业战略、营销管理、国际商务、创新与创业、金融、供应链管理、信息化与生产管理、运营管理、领导力、企业文化、非市场战略、宏观经济等工商管理教学的各学科领域，并覆盖多个行业，反映了北京大学光华管理学院在工商管理教学和研究领域的丰硕成果。未来，北京大学管理案例研究中心将继续秉持为教学服务的理念，紧贴时代需求，不断探索前沿新知、创新开发方法，用案例讲好"中国故事"，为全球商学教育领域了解中国商业环境提供最佳参考、为中国经济高质量发展提供不竭的商业新动能。

在北京大学和光华管理学院的全力支持下，北京大学管理案例研究中心自2013年以来建立全职案例研究员队伍，健全从立项、撰写、入库到使用的教学案例建设全周期、全流程规章制度，提升案例品质。北京大学管理案例研究中心还积极推动与国内外同行的广泛交流以及与发行渠道的密切合作。此次我们精选入库案例并结集出版，就是为了更好地将案例库中的内容推广至课堂教学中，并为商学院的学子、校友和广大关心中国企业管理实践的读者提供深度观察和思考的素材。

在案例集的编撰过程中，我们按照案例的教学目的与用途进行聚类，通过寻找不同学科背景下案例开发和教学使用较多的领域来确定主题，在此过程中还兼顾主题领域备选案例的时效性、案例企业所处行业的多样性、教学效果反馈、案例企业发展态势与舆情等因素进一步进行筛选。因此，最终入选的案例反映了北京大学光华管理学院贴合社会经济发展需求、在工商管理领域人才培养中注重的重点和热点议题，也反映了中国企业经营管理的实践前沿。

北京大学管理案例集的第一辑包含三册，分别为《创新：企业快速成长引擎》《战略：领军企业的领先之道》《可持续发展：生态文明的构建》。在编写过程中，由北京大学管理案例中心的张影、王铁民和李琪牵头，组织案例研究员队伍协助各入选案例的作者团队重新审阅和修订了案例，并通过撰写"创作者说"的方式向读者阐释了案例开发的初衷以及教学背后的思考。在此过程中，我们得到了北京大学出版社学科副总编林君秀女士以及贾米娜、余秋亦等编辑的大力支持，他们耐心、细致、专业、高效的编辑工作保障了书籍的顺利出版。在此，我代表北京大学管理案例研究中心，对创作人员和编辑团队表示由衷的感谢。

本案例集的选题建立在对"人类命运共同体"的深刻认同基础上，可持续发展关乎人类社会生存和发展的长远利益。社会是一个相互依存的有机整体，企业和个人都是社会的组成部分。包括企业和非营利组织在内的社会各界在可持续发展中积极有为，通过承担社会责任、坚持绿色发展理念、构建生态文明，促成社会在走向经济繁荣的同时具有可持续发展的基础。其中，履行社会责任既体现了组织和个人层面的伦理和道德取向，也需要认知层面的重视、行动层面的投入和坚持。绿色发展理念与"双碳"政策的结合为可持续发展提供了新动能，为经济效益和环境效益的平衡提供了新的思路和监督激励机制。生态文明则强调人与自然的和谐共生，有利于协调解决在社会和经济发展中各利益相关方的冲突和代际冲突，为子孙后代留下美好家园。

本案例集包含了北京大学管理案例库中与社会责任、绿色双碳、生态文明这三个主题领域相关的十三个教学案例。在"社会责任"主题领域选取了六个案例，分别是旷视、建筑开发商WL集团（应企业要求做了匿名化处理）、中兴能源、北京大学、石羊集团、快手科技。这一主题深入细致地描述了旷视在人工智能高速发展之初就重视人工智能应用中的伦理和治理问题，并在行业和企业层面推动规则制度的建立与政策落地；WL集团在杭州香积寺地块的建筑开发项目中面对保护古建和城市环境与追求经济利益之间的矛盾，做出了符合长远发展利益的取舍；中兴能源在巴基斯坦900兆瓦的光伏电站项目中兼顾绿色可持续发展和"中国速度"；北京大学通过成立"一带一路"书院以及由光华管理学院开设的全英文本科"未来领导者"项目，在"逆全球化"思潮中前瞻性地培养具有国际视野、人文素养和社会责任的全球公民；石羊集团从企业文化体系建设入手让战略性企业社会责任落地生根；快手科技通过"算法向善"理念下的一系列"快手行动"打造企业社会责任品牌进而提升企业品牌价值。这些案例生动阐释了社会各界如何以创新的思路、坚定的投入和长期的坚持来积极履行社会责任。在"绿色双碳"主题领域选取了四个案例，分别是鄂尔多斯、梅赛德斯-奔驰、龙源碳资产、诺华中国。这一主题描述了鄂尔多斯将绿色环保作为品牌的价值主张，推动和实现了时尚产业企业绿色可持续发展理念与发展战略和品牌策略的紧密结合；梅赛德斯-奔驰秉承企业可持续发展战略的"2039愿景"，在中国市场通过设立梅赛德斯-奔驰星愿基金这一公益平台等举措，践行"商责并举"的ESG（环境、社会和可持续治理）可持续发展理念；龙源碳资产通过构建碳资产管理模式，积极响应"双碳"政策，提升碳资产管理效率和市场竞争力；诺华中国在2010年就启动了长达三十年的"川西南林业碳汇、社区和生物多样性项目"，体现了跨国公司先进的绿色发展理念和稳健的落地行动。这些案例围绕绿色环保品牌打造、ESG实现路径、碳资产管理、林业碳汇和碳足迹管理等关键问题，为绿色发展理念和"双碳"政策提供了行之有效的参考样本。在"生态文明"主题领域选取了三个案例，分别是阿拉善SEE生态协会、美团外卖等公益组织和企业。这一主题剖析了阿拉善SEE生态协会为了更好地协调利益相关者、实现"凝聚企业家精神，留出碧水蓝天"使命而先后开展的三次战略规划并在此过程中积极应对环保公益领域的机遇和挑战；同时，阿拉善SEE生态协会还在慈善信托等领域大胆尝试和创新，让慈善资源更有效地服务于社会，为其他公益组织提供了宝贵的经验参考；美团外卖则于2017年启动"青山计划"，通过在外卖平台增加"无需餐具"选项等实实在在的举措，倡导环保理念、研究环保路径、探索科学闭环、推动环保公益。这些案例展示了公益组织和企业在生态文明构建中的战略制定、创新思维和举措担当。

这十三个案例所选取的分析对象有企业、有公益组织，也有高校商学院，充分说明了可持续发展人人有责、处处可为。不同案例的分析讨论虽各有侧重点，但共性是增进了读者对可持续发展理念及其重要性的认知；剖析了企业和社会组织如何围绕承担社会责任、践行绿色发展理念和"双碳"政策道路、构建生态文明等可持续发展的关键议题，在战略、业务、产品、品牌、组织文化和项目管理等方面采取创新思路和管理举措，为读者提供切实的参考。

北京大学管理案例研究中心自成立至今，始终立足中国、放眼世界，并在案例建设中坚持"四个面向"，即面向教师、面向学生、面向社会、面向国际。案例集的编写和出版，可以作为北京大学管理案例研究中心向北京大学光华管理学院建院40周年的献礼，并推动我们践行光华管理学院所秉承和认同的使命担当——创造管理知识、培养商界领袖、推动社会进步。

王铁民
北京大学管理案例研究中心联席主任
2025年5月

CONTENTS ▶ 目　录

01 社会责任

旷视：可持续发展的人工智能　　　　　　　　　　　　　　　　3
卢瑞昌、张峥、袁慰

WL 集团：保护城市环境和经济利益最大化何者为先？　　　　28
张红霞、王锐、王念念

中兴能源巴基斯坦 900 兆瓦光伏电站项目——绿色可持续发展与
　　"中国速度"　　　　　　　　　　　　　　　　　　　　40
易希薇、吴昀珂、吴俊霞

北京大学"一带一路"书院：不忘教育初心　勇担时代重任　　53
张影、袁慰

战略性企业社会责任如何落地生根——石羊集团的文化创新实践　71
武亚军、李汶倪

快手行动："算法向善"的组织实践　　　　　　　　　　　　85
张闫龙、徐菁、袁慰

02 绿色"双碳"

ERDOS WAY：鄂尔多斯的可持续时尚之路　　　101
徐菁、王卓

梅赛德斯-奔驰在中国"商责并举"的可持续发展　　　131
张闫龙、姜万军、齐菁

龙源碳资产管理实践　　　151
滕飞、张峥、卢瑞昌、齐菁、王卓

抵消碳足迹：诺华中国的环境责任担当　　　178
杨东宁、刘国彪、唐伟珉

03 生态文明

阿拉善 SEE 生态协会的战略规划　　　197
王铁民、张媛、邬瞳、吴碍

阿拉善 SEE 生态协会：慈善信托破冰之旅　　　214
徐菁、张媛、邬瞳、王卓

要影响力还是要解决实际问题？——美团外卖"青山计划"的
　　缘起与发展　　　240
杨东宁、王小龙

01

社会责任

旷视：可持续发展的人工智能
卢瑞昌、张峥、袁慰

WL集团：保护城市环境和经济利益最大化何者为先？
张红霞、王锐、王念念

中兴能源巴基斯坦900兆瓦光伏电站项目——绿色可持续发展与"中国速度"
易希薇、吴昀珂、吴俊霞

北京大学"一带一路"书院：不忘教育初心 勇担时代重任
张影、袁慰

战略性企业社会责任如何落地生根——石羊集团的文化创新实践
武亚军、李汶倪

快手行动："算法向善"的组织实践
张闫龙、徐菁、袁慰

旷视：可持续发展的人工智能[*]

卢瑞昌、张峥、袁慰

创作者说

想象一下，一个技术浪潮正以前所未有的速度席卷全球，它不仅重塑着行业格局，而且更深刻地改变着我们的社会结构和生产关系。这就是人工智能——被誉为第四次工业革命的驱动力。它并不满足于单一领域的突破，而是在全面颠覆我们对世界的认知。

生产力与生产关系的相互作用，一直是社会发展的核心。未来，人工智能可能会带来整个社会关系和生产关系的解构及重组，面对人工智能的快速发展，我们不能坐视其无序扩张，而应未雨绸缪，从早期就开始思考如何治理。这不仅是对未来负责，而且有助于整个社会秩序的稳定和发展。

尽管人工智能治理已成为众多国家和国际论坛的热点议题，但现实情况是，我们仍然缺乏具体而有效的治理机制。我们把人工智能治理与现在的公司治理进行类比，公司治理已经发展出包括经理人薪酬结构、独立董事、股东大会等解决公司所有人和运营者之间委托代理问题的一系列机制，而人工智能治理的实施机制几乎还是一片空白。我们深知，虽然对人工智能伦理的讨论至关重要，但更重要的，是那些能够真正落地并产生影响的治理机制。

本案例以北京旷视科技有限公司（以下简称"旷视"）为例，展示人工

---

[*] 本案例纳入北京大学管理案例库的时间为 2020 年 8 月 3 日。

智能行业的发展现状、挑战和机遇，以及人工智能治理的重要性和内涵，为读者提供丰富的讨论材料，引导读者对人工智能治理的关注和兴趣，以及对人工智能企业经营管理的思辨和管理创新，比如：人工智能企业如何从战略层面思考、制定和执行人工智能治理？实际推进人工智能治理过程中面临哪些困难、障碍和危机？企业管理者是如何改进和完善其治理体系和政策的？

本案例通过对旷视进行大量访谈，讲述了旷视如何从零开始探索人工智能治理，如何结合自身的战略发展目标，制定治理的方向和政策，如何逐步从公司的体制、机制到各个业务流程方面，推动规则制度的建立和政策的落地执行。在此过程中，旷视的思考和实践既反映出人工智能企业共同面对的治理问题，也为人工智能行业的发展和治理提供了借鉴。

引言

2020年6月21日，北京智源大会以线上直播的形式面向全球召开。来自美国、加拿大和法国的6位图灵奖得主，十多位院士，上百位人工智能领袖，近30 000名参会者，在多达19个分论坛上，围绕人工智能的当下与未来展开了深度探讨。旷视首席运营官、AI治理研究院院长徐云程受邀参加了"人工智能伦理、治理与可持续发展"分论坛，并分享了旷视在人工智能治理上的企业实践。这一分享受到了众多与会同仁的关注和认可，并引起同行间的广泛热议。旷视的人工智能治理团队为此深受鼓舞，因为从旷视的管理层决定推进与落实企业的人工智能治理开始，人工智能治理团队每天都在思考和推进制度、机制的设计，调动公司各层级各方面的共同参与，还要应对各方挑战，一路走来实属不易。

回想旷视的人工智能治理历程，徐云程坦言目前只是一个开始，旷视刚刚迈出了第一步，在用人工智能造福大众、构建可持续发展的人工智能产业道路上，依然任重而道远。

一、旷视与人工智能的治理难题

(一) 旷视基本情况介绍

2011年10月,三名清华大学"姚班①"毕业的学生——印奇、唐文斌和杨沐一起创立了专注于计算机视觉人工智能技术的旷视,经过8年多的发展,旷视已成为该领域技术开发与商业化应用的佼佼者。

师出同门的三人在校期间就是亲密好友。在2011年萌生创业的想法时,三人也一拍即合,共同创立旷视,三人同为联合创始人,印奇为董事长兼首席执行官(CEO),唐文斌为首席技术官(CTO),杨沐出任高级副总裁。

经过近一年的摸索,旷视明确了将提供技术和解决方案作为公司的主营业务。旷视开始加速技术产品的研发。2012年10月,旷视推出了基于云端的计算机视觉开放平台Face++。在当时人工智能"刷脸"技术尚未普及的环境下,Face++可以为企业提供一整套人脸检测、人脸识别以及面部分析的视觉技术服务。

随着Face++的上线和业务的发展,旷视创始团队并不满足于将人工智能的开发和应用停留在视觉浅层领域。因此,2014年及之后很长的一段时间内,旷视将精力集中在基础技术的研发上,以Face++平台为基础,向更深一层的深度学习框架和底层算法研发平台进军。此后,旷视大量的业务算法和众多国际比赛的冠军算法都在自研的深度学习框架的基础上完成。

2019年10月,旷视正式对外宣布人工智能算法平台Brain++。旷视联合创始人唐文斌解释道,Brain++平台可以理解为是为研发人员提供的一站式AI工程解决方案,它由数据管理平台(MegData)、深度学习计算平台(MegCompute)以及人工智能深度学习框架天元(MegEngine)组成。2020年3月25日,旷视对外开源了自研的人工智能深度学习框架天元

---

① 即清华学堂计算机科学实验班,由世界著名计算机科学家姚期智院士于2005年创办。

（MegEngine），并将集算法、算力和数据于一体的 Brain++ 重新定义为人工智能生产力平台。

目前，旷视对外提供的解决方案主要面向三个领域，即 2012 年年底进入的个人物联网，2015 年年底进入的城市物联网，以及 2017 年进入的供应链物联网。旷视通过将人工智能技术商业化来实现公司的增长，因此，在面向行业竞争时，技术也成为衡量企业竞争力的核心指标。未来的 3～5 年，基于公司自研的人工智能生产力平台 Brain++ 和对行业的探索经验，旷视仍将持续聚焦个人物联网、城市物联网和供应链物联网三大场景，以消费电子、传感器和机器人作为核心终端，将业务方向聚焦于以下核心领域：云服务和开发者、消费电子、城市管理、园区、物流及零售，致力于用软硬件结合的解决方案构建连接及赋能百亿物联网设备的人工智能基础设施（见图 1）。

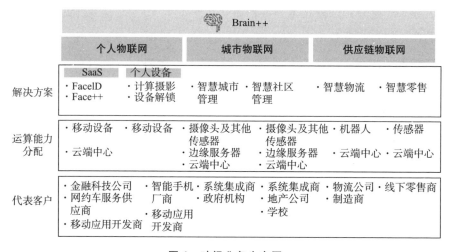

图 1　旷视业务生态图

资料来源：旷视提供。

（二）企业的持续发展与使命感

人工智能发展到今天，仍然是一个充满未知、充满希望的命题。当企业面对"金钱永不眠"的资本市场时，唯一的生存路径就是打造持续的盈利能力，人工智能企业也不例外。尽管全球与中国在人工智能产业的投资规模在持续攀升，但是增速从 2018 年下半年开始有所回落，并且对"种子轮"的投资明显缩小。不过中国 2018—2019 年上半年 B 轮及以后融资事件数量占人工智能总融资事件数量的 24% 左右，与 2017 年的 15% 相比显著增加。[1] 由此可见，资本逐渐从上一轮的人工智能热潮中清醒过来，更专注于商业化落地清晰的人工智能企业。

对于旷视来说，前期积累的技术优势也逐渐转化为市场优势。对早期市场的教育、用户习惯的培养、技术和产品标准的制定、品牌影响力塑造等的规模优势已经逐步凸显。但是，旷视的目标并不只止于此。

> AI（人工智能）对中国来说是个机会。以前中国没有做过这样的命题：当产品和市场都不确定的时候，怎么把产业做成一门好的生意、长久的生意？但现在，AI 是中国第一次有机会牵头做创新驱动型的产业，而且是真正在产品和市场两侧都能具有领导意义的产业。
>
> ——印奇，旷视联合创始人兼 CEO

（三）行业的治理标准与方法无先例

人们常常说技术是中性的，错误往往出现在使用端。换句话说，技术的恶是由技术的使用者造成的，与技术本身无关。然而，人工智能却超越了这一界限。这既是由人工智能本身的学科性质决定的，也是由人工智能在未来社会中所起的作用决定的。[2]

与基因工程、生物医药等行业不同，人工智能具有机器模仿、机器学习的能力，将打破长久以来人类构建的生产与劳动力的关系，成为新一代产业革命的引擎。世界各国对人工智能的重视和将其作为未来国家竞争力的战略重点已是不争的事实。但正是由于"类人"是人工智能的终极目标，如果出现不亚于人类智慧甚至超过人类智慧的"类人"机器，那么"人"与"类人"机器的关系将会走向何方？机器会不会在未来"反噬"人类？

因此，虽然对人工智能尚处在弱人工智能时代初期，但社会对它的关注和讨论已经超出了科学与技术、产业发展与联盟、法治监管决策等范围。

社会对人工智能的态度是复杂的。一方面,世界各国把人工智能定位在国家战略发展的高度,希望将它作为带动生产力和产业新一轮发展的动力。另一方面则是防范和争议,如欧洲专利局拒绝了人工智能发明专利的申请;人工智能音箱教唆使用者自杀;汽车自动驾驶系统失灵造成交通事故;人工智能写作软件批量编写假新闻;人工智能将淘汰大量重复性劳动职业;人工智能换脸应用引发隐私争议等种种问题。这些事件引发了社会各界对人工智能发展带来的潜在风险的讨论,全球各国纷纷开始倡导国际合作治理。

人工智能的伦理和人工智能治理问题也随之成为人工智能行业发展中新的探索方向。各个国家、企业等多方共同发起了相关讨论,并发布了一些人工智能伦理原则或治理标准,有的企业也结合自身特点组建了相关管理机构,尝试通过制度化管理推进治理落地。但目前来看,行业里尚未出现人工智能治理的标准化管理途径或可参照模式。

二、人工智能伦理与人工智能治理

人工智能的算法来自数据,若带有潜在价值观倾向、隐含偏见等问题的数据被系统学习吸收,这样产生的算法会不会也带有价值观倾向?这样的算法被应用后,谁来维持民众的共识,保证社会的公平?当机器自我进化拥有了自主意识,脱离人的控制,人类是否依旧能够稳稳地掌握全局?当不成熟的人工智能技术出现异常、造成失误,甚至非法入侵而伤害人类,谁该为此承担责任?因此,如何让机器做"对"的事情,成为社会各界呼吁人工智能治理予以解决的关键问题。

传统概念中,人类为了获得良好的生活,必须共同打造和谐有序的社会环境,人类必须依据所在社会的道德伦理和法律来约束自身行为。作为人工智能技术的发明者和使用者,人类同样将自身的伦理标准和历史文化因素、社会道德标准反映在人工智能技术的应用中。因此,本文认为人工智能的伦理应该在人类社会自身伦理、道德的基础上予以制定，它将成为指引人工智能治理的标准；同时，这个标准的制定还源于人类对机器与人类关系的理解。

（一）人工智能伦理

1942年，美国作家艾萨克·阿西莫夫（Isaac Asimov）提出了"机器人三定律"以确保机器人不能对人类带来任何威胁，随后该定律成为学术界默认的研发原则，这也是人类对人工智能伦理问题思考的开端。伦理往往指人与人、人与社会相互关系中所遵循的道理和准则，比如，人在情感、意志、人生观、价值观等方面的准则，人际交往的某种道德标准或行为规范等。在本文的讨论范畴里，我们认为人工智能伦理的具体内涵是人工智能与人或人类社会互动时应遵循的道德标准。

在人工智能发展日新月异的今天，人工智能被广泛应用于资源与环境、零售与物流、工业制造、医疗保健、城市建设等各个领域。社会各界对人工智能的认知也逐步深入，在肯定其广阔的发展前景、享受其带来的便利的同时，人工智能在实际应用中也造成了很多意想不到的后果，比如，自动驾驶汽车系统失灵造成人员伤亡、人工智能音箱教唆使用者自杀等。这些问题既可以归结为人工智能系统在学习阶段产生的错误，也可以归结为人工智能的不确定性所带来的伦理风险。[3]

人工智能的不确定性可以理解为后果的难以预见性以及难以量化评估性。人工智能的道德风险还可能由人类的有限理性所致。科学技术的发展水平与人类历史阶段的生产力水平紧密相关，人工智能产品不能违背自然界的规律，随着生产力的进一步发展，人工智能科技会快速发展，但是人类自身的认知能力在特定的历史条件和阶段下总有其局限性，这也是人类认知历史发展的客观规律之一。在人工智能领域，人类理性的有限性表现之一就是人类对人工智能产品道德风险认知的滞后性。人工智能产品除了符合自然规律这个物理性，还具有意向性。人工智能产品也会体现人类的意志和愿望。随着技术的发展，技术改变社会的作用增强，技术的发展可能会远离人类的最初目的，并摆脱人类的控制。[3]

（二）人工智能治理

"治理"一词被治理理论主要的创始人詹姆斯·罗西瑙（James Rosenau）定义为一系列活动领域里的管理机制，它不是一整套规则，也不是一种活动，而是一个过程。

在政治学中，治理通常是指国家治理，即政府如何运用国家的治理权来管理国家和人民。治理的目的是实现社会公正、生态可持续性、政治参与充分性、经济有效性和文化多样性。在商业领域，治理延伸到公司治理范畴，具体又可分为广义和狭义的公司治理，主要是通过正式与非正式、内部与外部的机制来确保以公司利益和股东利益最大化为目标实施的治理行为。

对于人工智能治理也是一样，在本文的讨论范畴里，我们认为人工智能治理的具体内涵是在人工智能伦理的标准下，对管理和执行规范的制定和执行，如对维护、监管、问责等机制的建立和执行。同时，正如人的理性认知是动态变化的，治理内容也是一个基于可协调的、涉及多个利益相关方的、持续互动的过程。

（三）各国的人工智能治理

尽管近年来有众多重要国际会议和论坛将人工智能治理作为重点关注议题，但是真正产出的正式治理成果仍然非常欠缺。一是众多的机构以及国际会议还停留在议题探讨阶段，较少能够出台真正相关的治理报告和倡议；二是即使已经出台的相关治理报告和倡议，亦缺乏更为明确的治理路径与方案，因此不能推动具有更强共识性和约束力的全球治理机制的产生。[4]换言之，目前国际上的讨论更多聚焦在人工智能伦理标准的讨论和风险识别上，因此，众多行业参与者经常将人工智能治理与人工智能伦理两个概念混用，误以为伦理道德标准的制定即为治理，而行业上缺乏真正的人工智能治理实践。

从 2016 年起，美国首先颁布了《国家人工智能研究与发展战略规划》和《为人工智能的未来做好准备》两个国家级政策框架。随后，日本、英国、法国、中国和欧盟纷纷发布了人工智能发展政策框架，并针对人工智能对于个人数据隐私和社会公共安全的影响提出了相应的政策倡议。2019 年 4 月，欧盟发布了《人工智能伦理准则》，该准则将"以人为本"（human-centric）作为发展人工智能技术的核心要义，得到了广泛的接受与认可。欧盟《人工智能伦理准则》针对可信赖的人工智能提出了三个基本条件：合法的、合伦理的和鲁棒的；四项伦理准则：尊重人的自主性、预防伤害、公平性和可解释性，以及七个关键要素：人的能动性和监督能力，安全性，隐私数据管理，透明度，包容性，社会福祉，问责机制。在欧盟《人工智能伦理准则》公布之后，2019 年 5 月，经济合作与发展组织（OECD）成员国批准了《关于人工智能的建议》，提出了发展人工智能的五项原则。[5] 2019 年 6 月，二十国集团（G20）领导人峰会也通过了"以人为本"的人工智能发展理念。2019 年 6 月，由中国科学技术部牵头成立的国家新一代人工智能治理专业委员会正式发布了《新一代人工智能治理原则——发展负责任的人工智能》，提出了中国人工智能治理的框架和行动指南，突出了发展负责任的人工智能这一主题，强调了和谐友好、公平公正、包容共享、尊重隐私、安全可控、共担责任、开放协作、敏捷治理八条原则。

在国际竞争中，技术标准正成为国际规则制定权之争的重点，而所有国际规则又都是依据相关事物的最优水平制定的，欧盟在人工智能技术研发与投资方面的优势正在逐渐丧失，因此其技术规则制定的话语权也受到了影响。在此背景下，欧盟以自身擅长的规范领域——伦理准则——作为在人工智能领域的战略突破。一方面，相较于技术标准的制定，伦理准则的制定对资金与技术的要求相对较低；另一方面，欧盟已经出台了不少关于数据保护、网络安全的规章制度,如 2016 年 4 月通过的《通用数据保护条例》已形成了较为完备的政策框架体系,为人工智能伦理准则的提出奠定了基础。此外,欧盟在伦理政策文件中也明确表示出在国际伦理准则以及相应评估机制的制定过程中发挥主导作用的意图。可见,欧盟已将制定人工智能国际伦理标准作为维护自身国际话语权的重要手段。因此,《人工智能伦理准则》的出台可被视为欧盟适应人工智能发展新态势,发挥自身机制优势采取的战略举措。[6]

除主权国家以外,不少美国和欧洲的机构也参与到人工智能全球治理议题的讨论中,不同机构关注的核心内容涉及人工智能治理挑战的各个层面。但是这些机构的组织属性较为单一,支撑其发展的多是发达国家的顶尖大学和大型科技公司,它们彼此之间有相似的文化背景和社会网络,难以体现全球范围的文化环境多样性因素。同时,除欧美国家外,其他国家和地区鲜有建立专门机构和平台探讨人工智能的全球治理问题。此外,进入法律等监管环节的治理措施也少之又少。以美国为例,目前,美国除了自动驾驶和无人机进入立法程序,尚无其他的正式规则,也不存在专门的人工智能监管法律与机构。事实上,美国法院也没有针对人工智能造成损害案件的裁判标准。

(四)企业的人工智能治理现状

面对人工智能引发的社会问题,科技巨头们纷纷成立伦理委员会应对挑战。2016 年,亚马逊、微软、谷歌、IBM 和脸书联合成立了一家非营利性的人工智能合作组织(Partnership on AI),苹果公司也于 2017 年 1 月加入该组织。在科技巨头们的共识里,与其靠外界强加约束人工智能发展,不如先成立伦理委员会自主监督。即便如此,技术在落地应用的过程中,还是会出现各种偏差,有的是产品本身的运行出现了意外,如亚马逊的智能音箱 Alexa "嘲笑使用者",有的是产品功能的应用场景不清晰引发了人们的担忧,比如谷歌智能助理在用户指令下开枪射穿了苹果。这些事件的出现都非企业设计产品的初衷，虽然后续这些技术偏差都得到了校正，但是我们仍需思考一个严肃的问题：人工智能与人类的关系将走向何方？

2018年6月，谷歌对外公布了一套关于如何使用人工智能的伦理原则，其中包含"对社会有益，避免制造或加强不公平的偏见，建立并测试安全性，对人负责，融入隐私设计原则，坚持科学卓越的高标准，为符合这些原则的用途提供服务"等七大原则。

2019年1月，脸书捐献750万美元用于创建人工智能伦理研究所。该研究所是一家研究中心，旨在探索医疗中的透明性和责任归属，以及人与人工智能在交互中的人权体现等问题。

2019年3月，谷歌宣布成立一个由外部专家组成的"全球技术顾问委员会"，以监督公司在应用人工智能等新兴技术时遵循相关伦理准则。该委员会设置了8名成员，有经济学家、心理学家、美国前副国务卿等，计划通过每年四次会议的形式对谷歌人工智能相关的议题进行讨论。这是一次对企业推行人工智能治理落地的非常有意义的尝试。虽然在成立不到一个月的时间之后，这个委员会就出为种种原因宣布解散了，但它的出现仍然为之后的企业建立人工智能治理制度提供了有价值的借鉴。[7]

伴随着中国《新一代人工智能治理原则——发展负责任的人工智能》的发布，中国的科技巨头如百度、腾讯、阿里巴巴等也纷纷发布企业层面的人工智能治理原则或标准，倡议对人工智能技术的正当使用和数据安全保护。

总体来说，中外人工智能企业已经意识到了人工智能技术所带来的治理问题，并纷纷公开发布各自的人工智能伦理原则或治理标准，有的也结合企业的自身特点和资源去进行内、外部管理机制建设，尝试通过管理手段进行治理落地；但目前来看，行业内尚未出现人工智能治理的标准化管理路径或成熟模式。

三、旷视的人工智能治理

无论是出于企业对长期可持续发展的深远考虑,还是因为社会各界对人工智能治理的关切;无论是创始人和管理团队对企业初心的设定,还是业务中遇到的人工智能伦理道德争议,都让旷视意识到要认真切实地建立人工智能治理机制,并且在公司运营的方方面面务实地推进。

2019年8月,旷视确定了以印奇挂帅、徐云程为主要负责人的人工智能治理行动计划。本着坚定不移的推进态度、务实的落地机制设计和与各界广泛合作的开放心态,旷视从制度与机制设立,科研、产品、客户管理等多方面入手,初步建立并打开了公司推动人工智能治理的局面。

(一)外部咨询

对于印奇来说,无论是做业务,还是与不同的人打交道,赢得客户和合作伙伴的信任都是前提,也是重中之重。在希望旷视走向全球、放眼长期发展的愿景下,"信任感"显得尤为重要。如何做到诚信负责以赢得各方的信任,既是公司在前期就要考虑清楚的最本质的问题,也是未来指引公司从行事作风到产品规划、销售策略等各项工作的治理规则。然而,当印奇把人工智能治理任务交给徐云程时,他们其实并不清楚要如何开展这份工作。

于是,旷视的人工智能治理筹备团队开始了广泛的调研。最开始,他们发现中国在人工智能治理话题上的意识和行动并不落后于世界领先水平。比如在2019年的北京智源大会"AI治理分论坛"上,很多国内的权威专家和国际大咖们同场交流,思想很有见地,这使旷视团队对于人工智能治理有了初步的认识和理解。同时,旷视团队在国际上广泛接触了在这个话题上有影响力的各国专家,包括学者、研究机构、企业代表。他们的先进思想和丰富经验给旷视团队非常多的启发。当然,旷视团队还翻阅了大量相关书籍和文献资料,迅速补齐了相关知识。但是正如徐云程所说:"没有什么文章比实际的经历更重要的了。"比如旷视团队见到了原来在谷歌人工智能道德委员会中的一位委员,他在总结谷歌经验教训的同时强调了明确组织目标的重要性。所以后来,旷视人工智能道德委员会的外部候选人都经过旷视团队的充分沟通和了解,最终才确定了三位委员。虽然他们的背景各不相同,但在组织目标、组织架构设置、组织工作方式上,具有一致的看法。这种组织形式也开启了一条具有旷视特色的新路。

对于旷视来说,最难的是企业界并没有成熟的人工智能治理落地路径可循。外面学者的倡议比较多,企业的实践却比较少,一切都需要旷视自己去摸索。旷视的企业文化基因就是"技术信仰,价值务实",因此"务实"是其推行人工智能治理的核心。首先,根据抓大放小的原则,企业要通过建立一种组织形式来凝聚一群人。这群人专职也好,兼职也罢,主要负责人工智能治理工作。所以旷视成立了内部的人工智能道德管理委员会,初步分成学术研发、产品工程、销售渠道、组织运营四个方向,每个方向都配备了相关的高管和执行人员。但其实,每个方向的目标和运转方式也都是在摸索中前行的,从虚到实,从认为不重要到有一两个抓手可以进入找到感觉,都是逐步探索的,现在仍然在路上。让人欣慰的是,一些小的成果已经做出来(或者正在进行中),比如产品价值观、产品客户倡议书、人工智能治理研究院的课题等。这些都给了旷视团队继续探索的动力,也让全体员工在了解人工智能治理这项工作上有了更深的体会。

除了组织建设和落地上的难题,在研究方向上如何选题也是一个难点。在旷视人工智能治理研究院的设立和定位上,印奇秉承工程师思维,一开始就想做一些结合业务开展的深度研究;但团队中的其他人却只想以发出倡议的方式进行推动。在与外界研究机构的沟通当中,大家慢慢发现研究需要多方参与,每一方都要发挥自己独特的价值。研究机构容易陷入纯学术的范畴,企业却有很多实际的应用课题没有得到研究。所以当企业把这些问题提交研究机构时,双方产生的化学反应才能真正满足学界和企业界对研究的共同期望。最后,旷视团队赞同印奇对研究课题方向的判断。现在旷视人工智能治理研究院研究的课题,都是与企业在实际运营中遇到的问题密切相关的。

企业投入的人力资源，不管是全职还是兼职，已经从最开始的几位核心成员发展到超过百人。在资金的投入上，旷视每年会有百万元左右的投入，主要用在了人工智能治理研究院的研究课题和人工智能道德委员会的运营上。那么如何来衡量所有投入的回报呢？现在看到的收益不只是品牌上的美誉度，更是在业务、经营上的指导作用。当然，在人工智能治理方面，旷视今后在内部推进、联合研究、对外合作上如何综合安排、适当投入，仍然是其商业化运营上需要考量的重要问题。

（二）确立制度与机制

确立制度与机制的关键和首要任务，就是成立专门的负责机构。2019年8月25日，旷视成立了人工智能道德委员会，该委员会是公司处理人工智能治理事项的最高决策机构，由公司高管和外部专家共6名委员组成，向公司董事会汇报。委员会每个季度召开一次会议，讨论行业和公司所面临的人工智能治理相关问题，以确保创新技术为社会带来积极正面的影响。同时，委员会也要监督和指导公司内部人工智能治理的落地情况以及下一步推进计划的制订。委员会的设立模式确保了讨论的中立性，外部专家多元的背景和丰富的人工智能产业经验能够给公司带来更多视角、更多维度的考量。

> 在一家企业进行创新的时候，有一些考虑，都是关于这个产业的边界到底是什么。企业虽然有这样的意愿去了解，但在探索的过程中却有非常多的不确定性。而当处在前沿的学术界对此还没有达成共识的时候，企业可能就感到更加迷茫。在这样的背景下，我看到旷视的很多同事，包括CEO印奇都对这个问题给予了足够的重视，这也是我作为一名学者想要帮助他们的原因。
>
> ——曾毅，中国科学院自动化研究所研究员、北京智源人工智能研究院人工智能伦理与可持续发展研究中心主任

旷视内部建立了旷视人工智能道德管理委员会，负责整体把握人工智能治理的执行步骤，在公司各个方面推进《人工智能道德行为规范》执行落地。旷视人工智能道德管理委员会下设的执行层包括研发学术、产品工程、客户渠道、运营管理四个推进板块，由公司各业务主要负责人分别对应负责，并配有"职能代表+道德伦理专员"的组合进行《人工智能道德行为规范》的落地规划与执行反馈（见图2）。

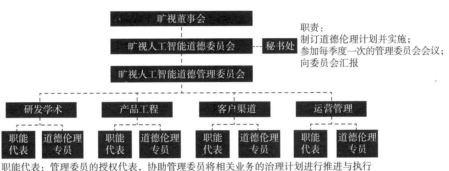

职能代表：管理委员的授权代表，协助管理委员将相关业务的治理计划进行推进与执行
道德伦理专员：作为伦理专家支持部门的日常工作，分享业界相关的治理实践并协助相关职能代表的治理相关工作

图 2 旷视人工智能道德伦理落地框架

资料来源：旷视提供。

（三）治理落地齐推进

1. 研发与学术

上文提到，在研发和学术领域，旷视成立了人工智能治理研究院，对内设立结合业务发展需求的研究方向，对外开展与专业机构的交流及联合研究。

2020年1月，人工智能治理研究院正式成立，以"前沿思想力、全球影响力、强可落地性"为指导原则，就全球人工智能治理的共性问题与社会各界广泛沟通，致力于打造一个由公司牵头创办、多方共同参与的、开放的、国际级人工智能道德伦理联盟。

研究课题从哪里起步呢？当然是从社会最关切的问题开始。2020年1月，人工智能治理研究院盘点的"2019全球十大人工智能治理事件"（见图3）

在微博、微信上发起了公开投票,并获得了公众的广泛参与和讨论,短短两个星期就获得了2 000多万的浏览量和1 000多条留言。网友的讨论很热烈,其中隐私、安全、权利是大众最关心的人工智能治理关键词(见图4)。

图3 2019全球十大人工智能治理事件投票结果

资料来源:旷视提供。

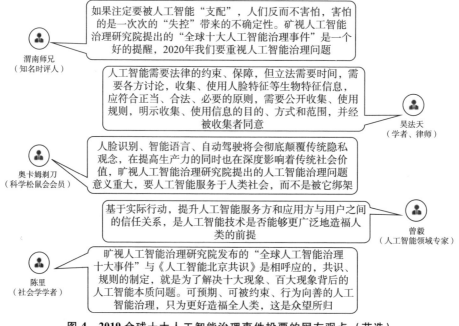

图4 2019全球十大人工智能治理事件投票的网友观点(节选)

资料来源:旷视提供。

投票所选的十大事件，反映出了社会对于人工智能商用落地的质疑和困惑，旷视选择将这些案例作为旷视人工智能治理研究院与社会各界的第一次沟通，是抱着开放的心态密切关注公众对这些人工智能伦理问题的反馈，并梳理了相关内容。比如，人工智能应该如何促进人类社会的发展？人工智能的边界是什么？如何界定人工智能向善？人工智能的追责机制是什么？隐私问题、安全问题、法律边界问题等如何处理？

通过对十大事件的分析，旷视人工智能治理研究院逐步归纳出社会对人工智能产业关注的四大类问题，即人工智能时代伦理和法律本质的讨论，人工智能衍生的经济发展与社会公平问题，人工智能应用的追责机制和权益分配问题，以及人身安全与隐私保护问题。在此基础上，旷视结合自身业务的发展实际，确定了两大课题研究方向，即基于人工智能应用实际场景的可信人工智能治理探索，技术发展衍生的数据与隐私保护规范。

旷视目前已与各界研究机构、公益组织、相关企业开展了深入合作，就人工智能领域的学术研究、社会项目合作、产品技术对接等各方面进行积极探索。2020年6月底，旷视加入了北京智源人工智能研究院发起的"可持续发展的人工智能"公益研究计划，该计划将于7月28日正式发布旷视在城市社区建设、可信人工智能技术上的两大研究课题，并将引入专业研究机构进行协作研究。

2. 客户渠道

在客户渠道方面，一般需要建立包括客户、合作伙伴、渠道在内的上下游治理生态，需要大家共同推动人工智能的可持续发展。这就要求旷视不但要认清客户的情况，更应该了解最终用户的反馈。

在与新客户进行接洽时，旷视尝试在售前规范客户基本信息（包括但不限于客户采购公司提供的产品、技术和解决方案的预计用途）。同时，针对18个月未合作的现有客户，旷视在与其签署新合同时，使用"Know-Your-Customer"（了解你的客户，以下简称"KYC"）流程进行管理，一般会管理和记录潜在客户的公司信息、业务情况等。

从2019年中旬起，旷视的KYC流程正式加入人工智能治理的审核环节，负责销售运营的团队要求潜在客户提交相关资质文件，并提交到KYC流程上审核，只有审核通过的潜在客户才能与旷视合作。对于KYC流程的应用，刚开始的时候旷视的销售人员确实感受到一些压力，比如有些客户说旷视"比甲方还甲方"，有些嫌麻烦的客户会放弃与旷视的合作，甚至一些销售人员认为对客户的筛选太苛刻，影响了自己的业绩。在此背景下，尽管销售团队经历了一部分人员流失，但他们始终坚持KYC流程审核验证，并坚定执行《人工智能道德行为规范》中相应的规定。最终，实践证明这种坚持是对的。

> 短期也许会吃一点儿亏。公司内部对于合规要求更加严格，销售短期内比较痛苦。但从长期发展来说，2019年下半年，一些地方互联网金融公司爆雷，旷视没有卷入其中。回头来看，我们没有与其中一些公司合作是正确的。
>
> ——赵立威，旷视资深副总裁、旷视人工智能道德管理委员会委员

与此同时，旷视在与客户签订的合同中增加了《人工智能道德行为规范》要求的相关条款，条款涵盖：①客户应合法使用产品；②禁止客户对产品实施逆向工程；③禁止将产品使用在非合同说明的项目中；④产品禁止军用或生化武器/产品必须民用。虽然大多数客户接受了新加的条款，也很少有客户因为不同意这些条款而拒签合同，但是旷视的法务部确实收到了一些客户的"牢骚"，如"已经有国家的法律在约束我了，作为技术提供方的旷视为什么还要加这样的条款"。

一般来说，由于人工智能产品自身软、硬件更新升级的特点，旷视与合作伙伴的合同期限多为1年到2年。因此，在合作协议续订时，旷视会对合作伙伴业务及其对产品的使用范畴、数据安全等问题，在合同、《人工智能道德行为规范》和《人工智能应用准则》以下要求的范围内进行再审核，通过旷视内审部门的审查后，合作协议才能进入续签流程。

> 其实我们确实存在收了客户的预付款后因为对方没有通过规范核查而终止合作的情况。虽然我们的销售团队并不懂所有行业的业务，但他们有专门负责行业信息搜集的人员，即便A企业已经通过了KYC流程审核验证，如果信息搜集人员发现A企业做的业务，之前有其他企业做过类似的却被爆出违规问题，那么，我们可能就会去再审查A企业，如果真有问题，我们就会终止与A企业的合作。同时，很多时候

销售团队会与我们的法务、审计团队一同去判断,避免出现类似情况。

——赵立威,旷视资深副总裁、旷视人工智能道德管理委员会委员

为了杜绝"漏网之鱼",对于合同期内的客户,售后团队会通过定期回访等机制,确认客户及合作伙伴在法律法规许可的范围内使用公司产品,如发生违反合同约定及《人工智能应用准则》和《人工智能道德行为规范》的情况,会立即向旷视人工智能道德管理委员会(或其指定人士)汇报。

2020年3月,旷视正式在所有软、硬件产品中都放入了《正确使用人工智能产品的倡议书》,倡导客户和合作伙伴一起加入人工智能治理的行列(见图5)。虽然倡议书本身不具有法律约束力,但旷视希望联合客户和合作伙伴共同关注人工智能治理,逐渐重视和树立人工智能伦理观。事情虽小,却是建立人工智能治理生态的第一步。

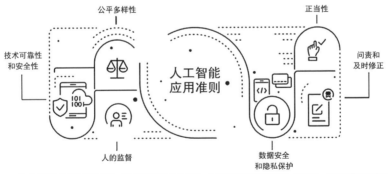

图5 正确使用人工智能产品的倡议书

资料来源:旷视提供。

3. 产品工程

在产品工程方面，旷视建立起企业人工智能治理评估体系，从产品价值观的讨论与建立，到集成产品开发全流程规划，让产品从研发到发布的每一步都有章可循。

与客户端的管理相比，产品端管理上就更复杂了。一方面，产品端所涉及的部门和流程审批更多；另一方面，在对人工智能伦理和治理的认识上，每个人的理解都不尽相同，什么该做、什么不该做，没有统一的标准。虽然大部分人都认可人工智能治理的初衷，但是当治理工作落到自己的工作范围内，对治理标准的判定和执行必然会损失一部分工作效率，甚至有可能放弃一些产品的方向。产品经理、市场经理、技术经理、业务负责人……每个人站的角度不一样，要协同起来形成统一意见，难度可想而知。此外，在治理上投入多少的人力、物力才能得到收益的平衡？治理的收益如何判定？这也成为讨论的焦点。

（1）产品价值观

公司的产品什么能做、什么不能做、怎么做，定义、标准、规范都是什么，这是摆在人工智能治理产品侧的首要问题。就像前文反映出来的问题一样，旷视经常被问及技术的正当性。面对伦理道德的灵魂拷问，如"菜刀本身有没有错？如果有人拿菜刀伤人，菜刀的生产者有没有错？"对此，目前旷视内部的共识是，"一切不以应用场景为前提，而单纯讨论产品或技术的对错都是不恰当的。而且在讨论中，要把技术放在整体解决方案中，看我们为客户具体提供了怎样的支持和服务"。在"场景"和"方案"两大背景下，旷视目前提出的产品价值观定义为，"为每个正向的场景，提供带来安全、高效、美好体验的产品和解决方案"，并正在为此从《人工智能应用准则》的角度出发设计相应的评判标准。

（2）集成产品开发流程管理升级嵌入流程

产品价值观要落实在集成产品开发（Integrated Product Development，IPD）流程中，才代表了人工智能治理在产品侧的真正落地。目前，在旷视内部试点的 IPD 流程中，已经开始用这个产品价值观和《人工智能应用准则》对公司的真实项目进行决策判断，并将判例作为后续评审评判的重要依据。

依据旷视现行的 IPD 流程，一款产品由想法萌芽到规划立项，再到出厂销售，从人工智能伦理关注的视角来看，会包含"产品战略管理、产品商业计划、产品工作任务书（立项确立）、产品研发过程管理和产品发布"五个重要阶段，具体应该在哪个阶段植入伦理判断需要进行合理规划。经过人工智能道德管理委员会秘书处和 IPD 流程变革小组等多部门联合讨论与修改，初步方案才算形成。

第一个环节是产品战略管理，在这个环节主要由旷视内各个事业群向公司管理层汇报新一年产品或产品线的大方向及周期计划，多为方向性的宏观规划（比如在公司战略规划下拓展哪些大的行业），但不涉及具体产品逻辑。因此在这个环节不单独设立伦理判断的环节。

第二个环节是产品商业计划，在这个环节主要由产品总监对一条产品线进行系统性的分析，如它的可行性、竞争力、商业策略、行业竞争等。这个环节会产出一款产品或一条产品线在立项前的关键商务决策，因此将在这个环节引入公司层面的第一次伦理判断，从企业价值观等相对宏观的视角去把控。公司层面的评审会包括公司高层和各业务相关负责人，同时会引入伦理判定专员参与（伦理判定专员更类似"吹哨人"的角色，带动评委在伦理道德层面进行集体判断）。这样设计，既可以满足旷视对产品商业策略的综合评定，也对公司不同业务层级的高管进行治理问题的提醒和引导。

第三个环节是产品工作任务书（立项确立），在这个环节主要由公司产品经理负责在事业群层面进行产品设计汇报，比如阐述对于产品全年的版本迭代、执行计划等重要事项的规划。在这里引入公司事业群层面的第二次伦理判断，从更微观的角度做出具体的反馈，反向去审视产品与公司《人工智能应用准则》之间的关系。

第四个环节是产品研发过程管理。因为该环节主要是由研发经理承接工作任务书的业务范围,然后再推动产品落地,所以除非出现业务范围的系统性变更,否则该环节并不引入公司层面的伦理判断。

第五个环节是产品发布,在这个环节产品研发完成,形成产品包,包含完整的功能和配套资料,对产品进行发布评审。在此环节会引入伦理判断,对产品出厂、销售前的风险设置最后一道防线予以把控。

所以,在IPD流程中的关键环节,引入不同决策视角和不同业务角度进行集体智慧判断,是目前旷视认为人工智能产品伦理道德管理最可落地的管理机制。

与此同时,旷视还设计了"问责机制"去维护IPD流程嵌入伦理判断的有效执行。

> 需要说明的是,问责的标准要依赖事件发生时点的社会伦理标准。组织和个人对伦理道德的认知、对伦理风险的识别能力都是在动态发展的,因此,问责机制中的"问责决议"要基于当时决策的时点来判断所有参与评审的人是否完整、合理、不藏私地提供相关决策信息,并在其业务范围内行使了对应职能,有效地发挥了集体智慧并完成集体决策的目标。不能"刻舟求剑",于事后用已经演进的标准去判定当时的决策。
>
> ——石心,旷视IPD项目流程管理部负责人

4. 内部运营与管理

在运营管理方面,重点是做好公司内的全员动员和人才培养,通过内部沟通、培训等机制培养员工的人工智能治理意识,并将其运用到各自所负责的业务中去。企业落实,全员参与,内部沟通和培训必不可少。

2019年7月26日,依照旷视的《人工智能应用准则》,公司面向全体员工发布《人工智能道德行为规范》。《人工智能道德行为规范》规定了旷视全体员工在开展人工智能相关业务和工作时的行为准则,明确了在数据安全、产品运营等方面员工道德行为的相关标准、管理机构设置、执行指导和奖惩原则。在《人工智能道德行为规范》发布后,公司内部还组织了

全体员工学习《人工智能道德行为规范》的培训活动，开展人工智能治理相关内容的讨论，并在最后组织考核。

后续旷视还应思考如何培养懂得人工智能治理，并将其应用于创新的综合型人才，这才是推动企业人工智能治理可持续发展的关键。

四、企业的人工智能治理行胜于言

人工智能是引领新一轮科技革命和产业变革的关键性技术。将人工智能融入基础设施建设，推动国家人工智能战略落地，早已成为全球科学界、产业界和资本的共识。人工智能的技术、算法比拼仍在继续，而"商业落地"已成为现阶段人工智能发展的主旋律，跑通产业应用和实现经济收益成为人工智能产业的发展核心。而这要求人工智能企业不仅拥有过硬的技术基础，而且要对所深入的行业产生深刻的理解，技术要与行业实际需求有机融合。

随着全球数字经济和信息化水平的提升，世界互联网产业快速进入大数据时代。据国际数据公司预测，2028年全球数据总量预计达到384泽字节（ZB）。大量的数据为人工智能算法的训练和应用提供了基础材料，同时也带来数据处理的压力，从而推动市场引进新的技术和方法来进一步挖掘数据的潜在价值。中国在数据总量、丰富性、获取与使用的难易度上具有明显的优势，要让中国的人工智能在应用层面和商业化落地上迅速赶超欧盟与日本，并与美国同台竞技。

从国家层面，中国将人工智能纳入"新基建"的战略部署，颁布了推动人工智能商业化落地的政策。全国多个省市已陆续出台相关政策，其中，北京、上海、深圳、杭州等东部城市人工智能产业密集，在政策反应速度上也明显快于中西部城市，全国人工智能产业发展将在头部城市的引领下形成百花齐放的态势。

相比之下，资本对人工智能行业的态度则略显冷静，从2019年第四季度开始，人工智能的投资数量和规模双双下降。究其原因，主要是资本对于早期（A 轮）人工智能企业商业化变现能力的担忧。但资本对于 B 轮融资的人工智能企业颇感兴趣，2018—2019 年上半年 B 轮及以后融资事件数量占人工智能总融资事件数量的 24% 左右，与 2017 年的 15% 相比显著增加。从分布领域看，大额融资集中分布于计算机视觉、机器人、芯片、自动驾驶等核心技术厂商，各细分领域头部独角兽融资热度不减。

面对人工智能行业日新月异的发展，旷视清楚地意识到企业若要实现长久稳定的发展，需要在国家相关法律、制度不断健全的过程中，加强企业自律，并引领人工智能技术的发展和应用方向，协同各方对各种人工智能治理问题进行商议和解决，以此在技术、产品、服务上形成有旷视特色的道德伦理的护城河。"企业的人工智能治理，行胜于言"，旷视已经在人工智能治理的路上迈出了坚实的一步，探索并搭建了决策机制，建立了初步的方法论。然而，在通往美好愿景的道路上依然布满荆棘。目前，旷视在客户端的管理流程基本成形，未来将有益于团队实践经验的提升。在产品端，产品价值观、IPD 流程已完成治理升级的第一步。未来在不同场景下人工智能伦理与治理判定标准和依据还需要进一步明确，团队对治理的认识与理解还需要进一步统一。旷视在获取商业利益的同时如何更好地兼顾人工智能伦理的评判，如何推动人工智能技术的突破，从而给各个产业变迁带来符合社会期待的价值，这些问题还有待旷视在未来的实践中进行解答。

人工智能企业担负着推动人工智能产业可持续发展的重任。虽然企业的人工智能治理并无成熟的模式可遵循，但我们正在秉持一贯的长期主义精神，用大胆向前、小心求证的方式探索一条适合自己的道路。

——徐云程，旷视首席运营官

参考文献

1. 人工智能商业化研究报告（2019）［EB/OL］.（2019-07-07）［2024-12-03］. https：//weibo.com/ttarticle/p/show?id=2309351000014391541551530023.

2. 人工智能与人类文明的未来发展 [EB/OL]. (2019-01-09) [2024-12-03]. https://www.sinoss.net/.

3. 闫坤如. 人工智能的道德风险及其规避路径 [J]. 上海师范大学学报（哲学社会科学版），2018, 47（2）：40-47.

4. 俞晗之, 王晗晔. 人工智能全球治理的现状：基于主体与实践的分析 [J]. 电子政务，2019,（3）：9-17.

5. OECD. OECD Principles on AI [EB/OL]. [2024-12-03]. https://www.oecd.org/going-digital/ai/principles/.

6. 殷佳章, 房乐宪. 欧盟人工智能战略框架下的伦理准则及其国际含义 [J]. 国际论坛，2020, 22（2）：18-30.

7. 谷歌宣布解散 AI 道德委员会：诞生后便争议不断, 十天即夭折 [EB/OL]. (2019-04-05) [2024-12-11]. https://baijiahao.baidu.com/s?id=16299411060908025156&wfr=spider&for=pc.

WL 集团：保护城市环境和经济利益最大化何者为先？*

张红霞、王锐、王念念

🗨 创作者说

　　本案例聚焦于建筑开发商 WL 集团在杭州香积寺旁一个项目地块如何规划设计的起始思考：一个新兴的现代化建筑群如何与老城丰富悠久的文化传统和宗教氛围、人文自然环境达成和谐统一？如何能让新兴的现代化建筑群兼具商业性与文化内涵，使其并不是古建筑的陪衬，而是新的城市风景，甚至是未来的文化遗产？究竟应该把短期的经济利益放在第一位，还是应该把尊重周边历史文化环境放在第一位，追求长期利益？本案例试图以 WL 集团的商业实践为上述问题做出解答。

　　WL 集团在杭州的项目面临着保护城市环境和追求经济利益之间如何平衡的重大抉择。项目位于杭州老城中心，紧邻具有千年历史的香积寺和京杭大运河，这一地理位置赋予了项目特殊的文化和历史价值。在规划阶段，WL 集团意识到新建筑群的高度和设计可能会对周边的古建筑和城市环境造成影响，权衡利弊之后，WL 集团决定对香积寺、大运河历史文化街区予以尊重与礼让：把项目条件要求的 80 米高层楼幢沿丽水路一侧后退 30 米。虽然这个决定会直接损失容积率，但体现了对城市历史文化的尊重，也确保了建筑群与周围环境的协调。

---

* 本案例纳入北京大学管理案例库的时间为 2022 年 12 月 30 日。

本案例适用于营销沟通、企业决策、社会责任等课程，虽然是一个企业案例，但也折射出城市在打造自身品牌形象中，对传统文化的理解和保护是非常重要的。通过这个案例，读者将了解到现代建筑如何通过设计，融入周边老社区并体现对传统文化的尊重和理解，并且能看到现代建筑与经济生活如何巧妙设计和结合，对城市的传统文化进行继承和发扬。

引言

2014年9月的一个下午，WL集团董事长A在参观杭州香积寺时，偶然间注意到与这个有着千年历史的古寺仅一街之隔的一块即将入市的土地。进一步了解后A得知，该待拍地块的土地出让条件中，规划高度为80米，而且有意向开发商已完成了初步的建筑方案设计，取得土地后即将开工。① 这样的规划条件包含40%的住宅规划②，能够把该区块的容积率充分用足，能让政府在出售土地上获得最大收益，同时让项目开发商有微利。

A看到这个设计后，观察到与这个地块相邻的香积寺的高度为14.69米，而未来新兴建筑群规划高度为80米，二者之间仅隔一条24米宽的丽水路，这样的高度和相近的建筑群会为这座有千年历史的寺庙和整片区域环境带来沉重的压迫感，如果设计不周，新兴建筑群将很难与周边的历史文化古建筑相协调、与城市环境融为一体。显然，政府在制定该地块出让规划条件时仅考虑到经济利益，忽略了对寺庙和周边历史文化的考量。A向同行的政府工作人员询问是否可以更改规划条件，但此时地块已进入市场拍卖流程，规划条件不可变更。A意识到这是个紧急的情况，如果不采取行动，这个项目会给寺庙和所在区域带来永不可逆的后果。

尽管A已经有了拿下项目的决心，但他内心清楚，即便拿下项目，未

---

① 地方政府担心土地进入市场后流拍，会提前找到有确定意向的开发商，该开发商与区政府有前期协议，提前进行方案设计，这样取得土地后可立刻开始动工，节省开发时间，加快资金回笼，2014—2021年杭州市场平均资金回笼时间为8个月。

② 杭州市本地公共服务设施用地市场饱和，价格偏低，通过住宅的盈利可以补贴公共服务设施用地的投入。

来还会面临许多挑战，比如：如何能让新兴建筑群与周边环境更好地融为一体，不让人感到突兀，改善所在区域的人文环境？如何能在实现既定经济目标的同时，兼顾 ESG 评价体系，实现企业和所在区域的可持续发展，实现经济效益和社会效益的双赢？如何说服管理层其他成员认同自己的理念？这些现实而又紧迫的问题，接连数日令 A 既兴奋又忐忑，他希望能不惜一切代价拿下该地块，并能为这些问题寻找到最佳答案。

一、WL 集团概况

WL 集团是一家专注于规划、投资、建设和运营高端金融综合体建筑的开发商。WL 集团不仅关注建筑的外在形态和使用功能，还注重打造建筑的艺术气质和文化内涵，关注建筑体和周边城市环境的和谐共生。近年来，WL 集团将更多的注意力放在环境（Environmental）、社会（Social）和治理（Governance）领域，将 ESG 理念纳入企业可持续发展的战略决策体系中。一直以来，WL 集团将"以艺术提升建筑品质，铸就流传下去的作品"作为企业发展的根基和品牌属性，注重建筑体与城市环境空间的融合，旨在促进所在区域城市品牌价值的提升。

WL 集团主持设计并建造的北京 WL 集团国际金融中心（以下简称"金融中心"）堪称 WL 集团的代表作，它位于北京金融街 7 号，是金融街的地标性建筑，也是金融街标准最高的五星级办公大楼，高盛、摩根大通、瑞士银行、苏格兰皇家银行、汇丰银行、纽约梅隆银行、罗斯柴尔德银行、伦敦证券交易所等 41 家国际金融机构均入驻于此。

自 2006 年开始，金融中心每年都会定期举办 WL 集团圣诞歌剧音乐会、WL 集团夏季音乐会以及其他主题的音乐会，来自全球的艺术家以及音乐爱好者齐聚一堂，共襄艺术盛举，成为金融街的艺术名片，WL 集团还出版了多套歌剧丛书、音乐会 DVD，赠送给音乐爱好者，进行歌剧等音乐艺术的普及和推广工作。

此外，2014 年为庆祝中法建交 50 周年，在中法两国领导人的共同支持下，WL集团与法国La Machine协会及100多名中法艺术家、工程师们共同想象、创作、制造完成了大型装置机械艺术品"龙马精神"，用以承载积极向上的民族精神，并在全球进行多次展示和巡演；以国学大师文怀沙提写的《敦煌赞》为契机，WL集团为敦煌市捐资种植111亩胡杨林，修建"怀沙纪念林广场"；WL集团捐资建立非营利性公益组织——泉州瓷路艺术发展中心，发起"中国白"国际陶瓷艺术大奖赛、"中国白"国际艺术家驻地项目、"中国白"国际论坛，推动当代陶瓷艺术的国际交流以及陶瓷艺术与当代艺术的融合发展。

二、项目地理位置

这个让A心系的项目位于杭州老城的中心区域、京杭大运河河畔，总用地面积为43 810平方米。整个项目东至规划的在建道路——长乐路，长乐路以东为高层（17层）公寓住宅小区香兰名院，南至规划香积寺路绿化，西至丽水路，与香积寺隔街相望，北至绿城·西子锦兰公寓——一个由14～17层板楼构成的住宅小区。

杭州是浙江省省会、京杭大运河起点、南宋的都城，是一座有着4 000年悠久历史和美丽风景的名城，与北京、西安、洛阳、南京、开封、安阳、郑州、大同、成都并称为中国十大古都，京杭大运河是杭州的文化名片。项目位于开发中的京杭大运河商圈核心位置。京杭大运河从北京贯通至杭州，开凿于公元前486年，至今已有2 500多年的历史，并于2014年入选《世界遗产名录》。千年古寺香积寺是有着"杭州运河第一香"之称的佛教寺庙，始建于978年，在京杭大运河上船只往来繁忙时，是佛教信徒到灵隐寺、天竺寺进香的必经之地，拥有很高的宗教地位。如今，复建后的香积寺成为京杭大运河夜晚美景中不可或缺的主角，置身其中，就仿佛回到了"湖墅市井风情地"的繁盛之时。¹在香积寺与京杭大运河之间是大兜路历史文化街区①，这里遍布着富义仓、拱宸桥、江涨桥、乾隆坊、国家厂丝

---

① 杭州从明代起已有"大兜"之名。

储备仓库等历史遗迹，保留着许多清末民初的民居古建，呈现出杭州老城区的历史风貌，充满古韵雅致的氛围。

很少有项目能位于如此著名的历史建筑旁，A 认为，整个项目是破解杭州老城区与新兴建筑群和谐共生难题的一次探索和尝试，如果 WL 集团能完成挑战，就能体现项目所在区域的历史文化底蕴，也将对未来同类项目产生公益性和示范性效应。

A 决心参与竞拍。经过 27 轮角逐，WL 集团取得了这块土地的开发权。但此时，项目的楼面溢价率已经达到了 12%（按照当时的市场情况，这个溢价率将让项目面临亏损，故而其他开发商选择了放弃）。[2]

三、艰难抉择

从拿下项目的那一刻起，一系列考题便摆在了 WL 集团面前：一个新兴的现代化建筑群如何与老城丰富悠久的文化传统与宗教氛围、人文自然环境达成和谐统一？如何对项目进行规划设计，才能最大限度发挥所处地理位置的优势？如何能让新兴建筑群兼具商业性与文化内涵，使其并不是古建的陪衬，而是新的城市风景，甚至是未来的文化遗产？如何能让新兴建筑群兼顾高密度和舒适度，成为富有活力和文化艺术气息的综合空间？

为了回答这些问题，WL 集团需要找到具有同样视野和眼界的设计师共同完成项目。通过国际招募，WL 集团先后共邀请到 8 家来自国内外的知名设计公司参与设计，最初的 2 家公司为浙江大学建筑设计研究院有限公司和上海翌城建筑设计咨询有限公司，2015 年 5 月后，另有 6 家国际设计公司[①]参与设计。

WL 集团并没有给设计团队时间压力，并不急于在短期内快速完成规划、开始施工，而是给设计师充分的思考时间去寻找上述问题的答案。在

---

① 6 家国际设计公司为（排名不分先后）：ARQUITECTONICA（美国）、TFP FARRELLS LIMITED（英国）、Nieto Sobejano Arquitectos GmbH（西班牙）、aaaChina GmbH LIMITED（德国）& 慕迪建筑设计咨询（上海）有限公司、Moatti-Rivière（法国）、Architectenbureau Cepezed b. v.（荷兰）。

规划设计的第一年，A 并未提出任何规划要求，而是给设计公司最大的发挥空间，充分发挥其想象力。在这个过程中，建筑与寺庙、建筑与城市、建筑与整个区域之间的关系成为设计公司考虑的首要命题，来自各国不同背景的设计公司分别提出了不同的看法：

"项目位于有着千年历史的香积寺旁，如何设计，我们需要很慎重。"

"这个项目很特别，如果仅仅只做成一个商业项目有些可惜了，如果能承载一定的文化价值将更有意义。"

"项目拿地的溢价率已经很高了，在有限的用地内如果想要实现容积率，我们要按照规划的高度去设计项目。"

"如果按照项目规划高度进行设计，会不会对周边低矮的建筑带去压迫感？丽水路两侧悬殊的高度是否会产生不协调的感觉？"

"如果不在丽水路东侧沿街区域规划高层建筑，我们又该如何实现容积率呢？"

"有没有一种折中方案，既能保证一定的容积率，又能和西侧低矮的古建在视觉上和谐共生？"

"这个项目的地理位置如此特殊，我们不仅要考虑容积率和商业利益，还要思考它的长远意义和社会意义。"

"我们总在思考什么是世界所需要的下一个作品，什么是下一个能够解决社会问题的作品。我们应该在历史、当下和未来之间寻找平衡，从而找出解决问题的答案。"

……

负责项目的总经理 B 在看到设计公司提交的不同方案后，内心充满了矛盾。一方面，他也担心在丽水路东侧沿街建设 80 米高楼会对香积寺造成压迫感，另一方面，经过 27 轮角逐才拿下项目，高昂的拿地成本和容积率要求摆在那里，基于为 WL 集团整体考虑的出发点，经济利益也是不得不考量的重要方面，该如何平衡呢？B 将所有设计方案汇报给 A，希望 A 能为陷入两难的团队指点迷津。

"答案不是一目了然的吗，"A 在听完汇报后对他说，"这个项目的旁边有千年古寺香积寺，又位于京杭大运河河畔，地理位置特殊，规划设计时，究竟是该把短期的经济利益放在第一位,还是应该把尊重周边历史文化环境放在第一位,追求长期利益?是在短期内快速收回投入重要,还是建成一个会被市民公众长久仰视的不朽建筑群重要?如果不追求长期利益和社会效益,WL集团不惜成本拿下项目又有何意义?我们要做的就是不朽的能留得住的建筑,建筑要像凝固的艺术一样为城市环境加分。"

在A一系列的追问中,答案逐渐在各设计公司的心中清晰起来。

四、礼让30米

在确定了将尊重周边历史文化环境作为首要目标后,接下来就是如何设计才能实现项目初衷了。在A的要求下,设计公司逐渐达成了共识:对香积寺、大运河历史文化街区应该选择尊重与礼让。于是从规划的第二年开始,礼让香积寺就成为项目的第一命题,也成为对规划设计团队的要求,即把项目条件要求的80米高层沿丽水路一侧后退30米(见图1)。虽然这个决定会影响整个项目地块最终设计的比例关系,同时也会影响到剩余区域的利用问题,更会直接损失容积率,但基于希望能在千年古寺旁建设一个能长久流传的建筑群的初心,WL集团还是下了这个决心。

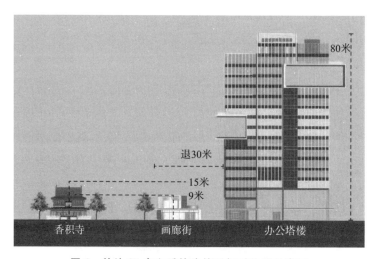

图1 礼让30米之后的建筑群相对位置示意图

图片来源:浙江大学建筑设计研究院有限公司。

基于退让 30 米的要求，各设计公司开始重新进行规划设计，考虑了所有可能的布局，用时两年，经过大大小小共 377 轮修改，最终由美国 ARQUITECTONICA 建筑设计事务所综合各家设计思路，于 2017 年 9 月确定了最终的设计方案。

五、画廊街

在最终的方案中，ARQUITECTONICA 建筑设计事务所决定修建一组 9 米高的低矮建筑群与香积寺隔街相望。那么，这个 9 米高的小体量建筑群应以什么样的形态呈现呢？它应该既从高度上与香积寺相呼应，作为香积寺与高层塔楼之间的过渡带，又能有一定的文化气息和底蕴与千年古寺相融合。最终，画廊街成为设计团队一致认定的最为恰当的方式。借由 9 米高的画廊街，将整个项目从 80 米高的摩天大楼逐渐过渡到街道，再过渡到古寺，实现从繁华喧嚣的当代生活到宁静祥和宗教氛围的过渡，同时在一定程度上减缓噪声，在街景之间也形成了一种平衡。当然，画廊街的设计既突出了 WL 集团在艺术创意方面的优势，也最终与具有悠远意境之美的古寺相呼应，呈现了古典美与现代美的交相呼应。

画廊街的立面设计也历经多轮讨论和修改，最终采用了英国 TFP FARRELLS 的方案，结合杭州和大运河的特点，引入不同体块组合交错，为画廊街立面呈现跳跃式构图的形态。选择法国的新型高科技材料——超高性能混凝土，这种超大尺寸波浪起伏的、无缝的整块弧形材料与大块的玻璃幕墙上下交叠，体块前后交错，形成了错落有致的沿街立面，将香积寺"揽入"新时代的时空中，浓重的当代艺术气息与香积寺的恢宏秀美形成了对比、呼应和映衬。

六、空间布局

设计面临的另一个挑战是 80 米高的塔楼后退以后，整体用地就更加紧张,需要考虑如何能在不过多牺牲建筑容积率的前提下,打造出理想的建筑作品。

为了获得设计灵感,设计师们多次前往香积寺进行考察,"参观了香积寺之后我们发现,香积寺的建筑结构很有趣,颇具规模,由多进院落和接连的厢房组成,很有秩序,相互对称,有着一系列渐进式的空间,这启发了我们的灵感。也许我们可以把周边古建想表达的信息融入我们的项目中,赋予它现代的形式、现代的形状,构建现代的建筑"。

经过多轮讨论和修改,ARQUITECTONICA建筑设计事务所在总体布局上巧妙地吸收香积寺对称的布局和大兜路历史街区的街区肌理,借鉴中国传统的三进合院式空间布局,设计了"两纵三横"共五条轴线,形成了三庭院的平面布局,在有限的用地范围内满足了建筑的体量和功能需求,用现代建筑群延续承载着城市记忆的建筑肌理,与香积寺遥相呼应。

"两纵"分别为南北方向的主轴线(中轴线)和侧轴线,主轴线由与香积寺连接的全天候开放广场、中央下沉广场(商业广场)和住宅花园自南向北连接而成,主轴西侧为南北侧轴线,由当代艺术画廊街构成,它将主体建筑群与香积寺相邻的小体量画廊建筑群连接在一起。

"三横"为东西方向:第一横(最南侧流线①)自东向西连接项目南广场(全天候开放广场)和香积寺广场,这是公众前往香积寺的主要通道;第二横(中间流线)横穿整个商业广场中心,连通下沉式广场、地下室和地铁,是商业人流的主要通道;第三横(最北侧流线)东侧连接地铁、公交车站,西侧横穿大兜路历史文化街区直至京杭大运河,是公众进入住宅区域的主要通道。

项目沿着南北方向的主轴线,从南至北依次设计了文化广场、下沉式商业广场和住宅广场这三个纵向相连的主题广场,三个广场构成了"三庭院",呼应了西侧香积寺三院落的空间布局[3],对传统空间布局进行了现代演绎。围绕着三个广场,高低错落的建筑分布在四周,构成了现代意义上

---

① "流线"是在建筑设计中经常要用到的一个基本概念,它是人们活动的路线,根据人的行为方式把一定的空间组织起来,通过流线的设计来分割空间,从而达到划分不同功能区域的目的。

的建筑合院。整个建筑群从南向北构成了从公共空间到私密空间的过渡，如同中国传统建筑中从厅堂到里厢的建筑布局。

七、办公塔楼和公共空间

画廊街东侧的办公塔楼是建筑群的主体部分，如何设计才能与西侧的古建相互映照，是设计团队的研究重点之一。古建的气质是古朴典雅的，如果新建的办公塔楼采用过于浮夸或者雕琢的设计，可能会与周边环境产生格格不入的感觉。设计团队决定采用极简主义的设计手法，对塔楼主体采用七分塔结构，将体量七等分，这样能使塔楼看上去更纤细。此外，在塔楼的不同区域设计了三个向外延伸的通透悬挑的体块，宛如悬空的玻璃盒子，使塔楼从外观看上去仿佛是若干体块的组合，打破以往办公塔楼千篇一律的方形楼体结构，让楼体更具动感和韵律，软化的线条在一定程度上减轻了对塔楼周边行人、城市环境和香积寺的压迫感，同时也获得了更大的使用空间。塔楼外立面为型材与玻璃的组合，在阳光的映照下，塔楼外立面映射出天空与白云，成为大自然的"镜子"，与传统、厚重、古香古色的香积寺形成一种传统与现代的对照。[4]

对于项目中的公共空间如何规划，设计团队进行了很多讨论：有的设计师提出将更多的用地打造为商业空间，这样既能满足社区居民的消费需求，又能创造更高的商业价值；有的设计师提出不如将公共空间留作绿地，作为居民日常休憩的场所……大家众说纷纭，无法达成一致的意见。这时有人提议："为什么不发挥WL集团在创意和艺术领域的优势，打造一个艺术空间呢？这样既能陶冶情操，为项目增添艺术内涵，又能与周边古建的文化气息相匹配。"

这个看法获得了A的认可，但如何实现呢？设计团队从国内外优秀的公共空间设计中汲取灵感，设计了一个巨大的艺术广场，打造多维的公共开放空间，实现多种业态共存，并将住宅地块的环境空间缩至最小，将更多的地块面积融入共建，开放给社会。[5]公共空间放置有当下最前卫的、充满艺术气息的雕塑和艺术品,艺术家还可以在这里举办展览,展示当代最酷的创作,将艺术与城市、寺庙、历史文化连接起来,在古香古色的寺庙周边展示当代艺术形式。公众可以在空地游玩,或者欣赏艺术展,然后去旁边的咖啡馆小憩、交流,穿梭于传统与现代的时空中。⁶

八、绿色可持续的设计理念

    我们要将这个项目打造成城市里的一片绿洲,我们要依靠绿色技术吸引人们来到这片绿洲。

——AGN INTERNATIONAL GmbH①

  近年来,随着 ESG 理念的盛行,WL 集团也逐渐将 ESG 评价体系纳入自身的战略决策中,在规划设计时,更加关注建筑体与自然环境和社会环境的融合发展。到目前为止整个项目仅使用一种天然材料,其他均为其有科技含量的新型复合环保材料,践行环保理念。

  "人与自然和谐相处是社会发展的必然前提,我们要尊重自然、顺应自然、保护自然,我们要充分考虑到建筑与周边自然环境、人文环境的和谐共处,这是我们必须坚守的底线。"在一次内部讨论会上,A 对来自各国的设计师这样说道,"绿色环保并不仅仅意味着采用节能技术,可持续的设计理念包括提升城市整体建筑环境的品质,打造舒适、愉悦、健康的工作和生活环境,最大限度实现人与自然、人与周边建筑的和谐发展。"

  基于这种理念,在该项目中,WL 集团设计了一系列可循环使用的绿色系统:空气源热水系统、空气侧热回收系统、独立温控系统、外墙保温系统、智能新风系统、电能管理系统、智能照明系统、高效供配电系统、变频节能机电系统。值得一提的是,项目采用了雨水收集与循环系统,搭建了一个 660 立方米的雨水调蓄池,储存的回用雨水实现路面喷洒、绿化浇

---

  ① aaaCHINA GmbH 是德国最大的独立工程和国际咨询公司之一,AGN INTERNATIONAL GmbH 是 aaaCHINA 的成员之一。

灌的功能，既能够实现雨水在项目地块内的积存、渗透、净化及回用，也能够在极端天气（如台风、暴雨）的情况下缓解城市的水排放系统的压力。[3]

尾声

2022年，距离WL集团拿下项目已经过去了八年的时间。杭州WL中心能否坚守A的初心，实现新兴建筑群与历史文化街区的和谐共生？一切尚需要时间的检验，杭州WL中心的未来才刚刚开始……

参考文献

1. 京杭大运河国际诗歌大会，让你体会诗歌之美［EB/OL］.（2017-06-11）［2022-03-27］. https：//www.sohu.com/a/145697160_121435.
2. 6年前拿地，1.3万楼面价，运河边这个神秘楼盘要卖多少？［EB/OL］.（2020-04-09）［2022-04-17］. https：//xw.qq.com/cmsid/20200409A0QQF200.
3. UAD浙大设计.WA｜新作首发｜香积寺的新邻居·杭州英蓝中心：浙江大学建筑设计研究院［EB/OL］.（2022-01-01）［2024-12-13］. https：//mp.weixin.qq.com/s/5D17H80aGP7j61s0WmDeyw.
4. Farrells. 立面协奏曲［EB/OL］.（2022-04-14）［2024-12-13］. https：//mp.weixin.qq.com/s/vcVtDCFWFC5Exo0gXNcCkA.
5. DESIGN｜杭州英蓝中心 Winland Center&ARQ建筑事务所［EB/OL］.（2022-12-28）［2024-12-13］. https：//zhuanlan.zhihu.com/p/595016382.
6. Nieto Sobejano·重塑符号［EB/OL］.（2022-03-09）［2024-12-13］. https：//mp.weixin.qq.com/s/qUR7AWgMdvmv5moMYq6JpQ.

中兴能源巴基斯坦 900 兆瓦光伏电站项目
——绿色可持续发展与"中国速度"*

易希薇、吴昀珂、吴俊霞

创作者说

作为"一带一路"倡议的先行先试和标杆项目，中巴经济走廊的重要性不言而喻。虽然拥有 2 亿多人口的巴基斯坦正不断释放新的活力，但严重的电力短缺问题却是横亘在这个国家面前的一道坎。在此背景下，以能源、交通基础设施、瓜达尔港、产业合作为重点的中巴经济走廊项目应运而生。其中，旨在解决巴基斯坦电力短缺难题的中兴能源巴基斯坦旁遮普省 900 兆瓦光伏地面电站项目正是优先实施的能源项目之一。

本案例对该项目的背景、概况、实施过程中的挑战与应对、后期影响等方面进行了详细阐述，尤其对项目实施过程中中兴能源面临的文化差异、法规政策不足等挑战进行了回顾，并介绍了公司最终顺利推动项目进度的成功经验，展示了中兴能源在项目建设中展现的"中国速度"。通过阅读本案例，读者能够在三个方面有所收获：一是领略中国企业在国际市场上的技术实力、管理能力和快速响应能力，以及在面对挑战时的创新和解决问题的能力；二是获得在海外市场运作企业和项目的管理经验和实施策略；三是更深入地了解共建"一带一路"的实际成效和面临的挑战，对重大国际合作倡议有更全面的认识和更深刻的思考。

---

* 本案例纳入北京大学管理案例库的时间为 2021 年 4 月 20 日。

一、项目背景

（一）巴基斯坦平稳发展与电力短缺

巴基斯坦是世界贸易组织成员之一，市场开放，法制较为健全，发展潜力巨大。近年来，得益于巴基斯坦政府大力发展经济及中巴经济走廊的积极推动等因素，巴基斯坦经济实现平稳较快发展，这个拥有2亿多人口的巨大市场正在不断释放出新的活力。

电力短缺是巴基斯坦政府和民众一直以来面临的严重问题。截至2016年6月30日，巴基斯坦全国电力总装机仅约2.5万兆瓦，水电占29%，火电占67%，核电、风电分别占3%和1%，其中私人投资项目装机约占48%。由于电力市场供不应求，且装机容量的可利用率低，实际输电能力仅为1.7万兆瓦左右。[1]对此，巴基斯坦政府只好采取大范围的限电措施，包括各省工厂交叉停产，暂停使用户外广告牌与霓虹灯，将部分运输及化肥生产所需天然气改为电气等。截至2016年年底，巴基斯坦全国仍有约5 100万人口处于无电的生活状态。而从基本面来说，巴基斯坦预测随着经济增长及人口上升，未来电力需求增势强劲，全国电力需求年增长率为7.9%。[2]

为解决电力短缺问题，巴基斯坦政府采取措施吸引私人投资者和外国投资者参与电力项目建设。自1994年至今，巴基斯坦政府制定了一系列透明且具有吸引力的电力开发政策。为促进电力市场的公平竞争以及保护电力开发企业、供电方及购电方的合法权益，巴基斯坦政府还制定了关于发电、输配电等的相关法案。在法案的基础上，巴基斯坦政府还建立了巴基斯坦国家电力监管局，负责境内电力生产、电力输送和分配相关监管工作。不过，目前巴基斯坦的电力主要依赖以印度河为主的河流大中型水电站和以塔尔煤田为代表的火电站，对光伏发电缺少相关配套制度和技术、人才等资源储备。

（二）"一带一路"先行中巴经济走廊

巴基斯坦是中国唯一的"全天候战略合作伙伴"，也是"一带一路"沿线重要的支点国家，中国已连续多年保持巴基斯坦最大贸易伙伴地位，是巴基斯坦第一大进口来源国和第二大出口目的国，连续多年保持巴基斯坦外国直接投资最大来源国地位，巴基斯坦还是中国重要的海外承包工程市场。

建设中的中巴经济走廊是共建"一带一路"的先行先试和标杆项目。2013年，李克强总理访问巴基斯坦时正式提出建设中巴经济走廊设想，得到巴基斯坦政府的积极响应和支持。2015年4月，习近平主席对巴基斯坦进行国事访问期间，两国领导人一致同意以中巴经济走廊建设为中心，以能源、交通基础设施、瓜达尔港、产业合作为重点，构建"1+4"经济合作布局，中巴经济走廊建设由此进入全面推进阶段。其中，旨在解决巴基斯坦电力短缺难题的中兴能源巴基斯坦旁遮普省900兆瓦光伏地面电站项目是中巴经济走廊优先实施的能源项目之一。

（三）中兴能源光伏产业及其国际化发展

中兴能源有限公司（以下简称"中兴能源"）[①]是中国高新技术企业。中兴能源注册资本12.9亿元人民币，旗下管理基金总额逾7亿元人民币。中兴能源专注于新能源及节能环保领域的资源集成服务，在绿色云计算、太阳能光伏、生物质能源、节能减排、海外农业、股权投资等领域也有所涉及并具有一定的竞争优势。截至2019年10月，中兴能源累计申请国家发明专利26项，实用新型专利49项，科技成果12项，软件著作权9项。2011年，通过国家节能服务资质认证、ISO9000质量管理体系认证、ISO1400环境管理体系认证、OHSAS18001职业健康安全管理体系认证。公司主要股东中兴通讯股份有限公司于1985年成立，全球化运营，是中国上

---

① 中兴能源成立于2007年，2021年年底更名为兴储世纪科技有限公司。

市公司中最大的通信设备销售商。PCT①国际申请量近5年均居全球前列。

中兴能源在太阳能光伏产业深耕多年，在我国无电地区电力建设新能源保障、大型光伏地面电站工程、国家分布式光伏示范工程、国家金太阳示范工程、国家援外太阳能工程中名列前茅。在国内，中兴能源已施建完成2 000多座电信金太阳示范工程项目；在全球，中兴能源已完成逾10 000座光伏供电通信基站建设，并在巴基斯坦、印度、塔吉克斯坦、尼泊尔、乍得、纳米比亚等国家的太阳能电力系统援建项目中积极作为。同时，中兴能源在非洲地区为多哥、尼日尔、莱索托等十个以上的国家提供太阳能路灯解决方案。2013年，中兴能源负责实施中国援助纳米比亚太阳能示范项目，为援助国提供了600套移动式太阳能电源设备。同年，中兴能源负责实施国家发改委对乍得能源和石油部太阳能援助项目，为援助国提供了2 000套50瓦户用太阳能系统和4 000套100瓦户用太阳能系统。

二、项目概况

（一）项目基本情况

中兴能源巴基斯坦旁遮普省900兆瓦光伏地面电站项目位于旁遮普省巴哈瓦尔布尔县光伏园区，占地超过3万亩②，是中国企业在海外建设的最大光伏电站工程。项目所在地旁遮普省位于巴基斯坦东部，是人口最多的省份，巴哈瓦尔布尔是旁遮普省面积最大的地区，人口一千多万。该项目作为国家"一带一路"14个优先实施项目之一，全部建成后每年可提供清洁电力超12.6亿度，能够有效缓解当地电力短缺的问题，受到中巴两国高层领导人的高度关注。

2014年11月8日，国务院总理李克强和巴基斯坦总理纳瓦兹·谢里夫

---

① 专利合作条约（Patent Cooperation Treaty，PCT）是专利领域的国际性条约，依照此条约提出的专利申请被称为PCT国际申请。

② 一亩约等于666.67平方米。

共同见证中兴能源与巴基斯坦旁遮普省签署战略投资协议；2015年4月20日，国家主席习近平和谢里夫共同见证中兴能源与中国进出口银行、国家开发银行签署贷款承诺协议书，该项目总投资额逾15亿美元，由中兴能源作为投资主体，中国进出口银行、国家开发银行、江苏银行和渤海银行等提供银团贷款，中国出口信用保险公司承保海外投资险，中合担保等机构提供担保支持。

（二）项目实施情况

2015年4月20日，中兴能源巴基斯坦9个100兆瓦项目启动开工，项目建设过程中的重要里程碑事件如下：

2015年6月26日，项目签订25年购电协议，协议电价为14.15美分/度；

2015年11月6日和12月28日，项目一期和二、三期分别实现融资关闭，成为中巴经济走廊项目首个实现融资关闭的项目；

2016年3月，首个50兆瓦项目一次性带电成功，开始并网发电；

2016年7月，占地超过3万亩的一期3个100兆瓦项目（包括阿波罗100兆瓦项目、绿极100兆瓦项目和克雷斯100兆瓦项目）全部建设完工并投入商业运营，成为中巴经济走廊首个商用并网项目，也是中国企业在海外建设的最大光伏电站工程。光伏电站日均发电总量141万度，年发电量超5亿度，相比可行性研究报告的预测提高了约7%。截至2018年10月31日，累计发电总量达12.2亿度，解决了巴基斯坦30万户家庭约150万人口的用电需求，极大改善了当地电力短缺问题。

三、项目实施过程中的挑战及企业应对决策

（一）项目开始前

1. 真诚沟通，用态度和行动回应质疑

海外大型基础设施项目建设面临的一大挑战就是项目所在国与中国有

着不同的国情与风俗文化，需要项目实施方倾注大量的时间和精力进行真诚、深入、细致的沟通。这一挑战也反映在中兴能源的光伏电站项目中，在项目开始施工前，巴基斯坦政府和民众对太阳能发电的认识不足，也几乎没有太阳能相关的法规政策可供参考，项目合同的谈判过程艰苦而漫长，中兴能源代表团与巴基斯坦当地的律师以及巴基斯坦政府代表律师谈判了8个月，仅律师就更换了5个，最终经过多轮协商确认，顺利签订了项目协议。巴基斯坦旁遮普省计划发展委员会主任穆罕默德·杰汗泽布·汗在采访中回顾这段谈判经历，也提到项目一开始就颇具挑战性，考虑到光伏电站的规模很大，"当时很多人对于中兴能源是否有能力建设这一项目持怀疑态度"，但最后"中兴能源让我们感到这个选择是正确的"。这样的态度转变是因为中兴能源的团队从来到巴基斯坦进入谈判准备阶段的第一天起就迅速投入工作，并且表现出非常认真的工作态度，积极帮助和配合巴方充分进行各项尽职调查，在项目动工前需要的法律程序完成之后，中兴能源也赢得了巴方的信任。巴基斯坦旁遮普省能源发展委员会常务董事萨尼亚·阿韦斯对此表示："我要特别感谢中兴能源的领导层和管理层，他们不断地与旁遮普省电力发展局沟通，并且日夜工作使这个梦想得以实现。"

2. 优化流程，保障设备采购与运输

由于巴基斯坦国内工业设施基础薄弱，几乎所有大型工程机械设备和光伏设备都需要从中国采购并运往项目地，为了发电站能够尽快建成并投入使用，也为了尽早为巴基斯坦人民解决部分用电问题，在项目地进行测绘等基础施工的同时，中兴能源启动了国内和巴基斯坦项目地的联动机制，在国内开始进行大规模资源整合和设备采购，而来自中兴能源项目合作方中国一冶、开元监理、TüV北德等的工程师和技术人员也迅速进入项目地开展工作。

在中兴能源严格控制设备质量的要求下，所有出厂设备都要经过严格的厂验才能装车运输，位于南京的南瑞继保是中兴能源光伏项目升压站电气设备的国内提供商，产品在厂验合格后，装车运往上海港，然后通过货

轮运往巴基斯坦港口；而项目的核心设备主变压器，来自中兴能源国内设备合作方、国内最大的主变压器生产企业，为减少陆路运输的时间，中兴能源采用包机运输的方式将设备运往巴基斯坦。同时，还利用南疆的地缘优势，将中兴能源南疆新能源产业基地生产的部分产品通过中巴国际公路运输直达项目地。

（二）项目建设中

1. 严格把控，满足高标准要求

项目位于巴哈瓦尔布尔县国家公园附近的科里斯坦地区，该地区生态环境优越。项目建设以环境友好为原则，经与当地环保部门积极沟通协调，采用了独立的供排水系统，水质经过净化水系统排放，以避免污染。另外，考虑到项目地周边多为沙地，在升压站区域种植低矮植被，用于防治风沙、保持水土。这些环保举措取得了环境评估认证，也达到了当地环保部门的要求。

项目对建设质量严格把关，达到国际及巴基斯坦当地电网双重标准。项目工程的设计和施工全部采用世界最先进的设计理念和技术，并严格控制工程质量。中兴能源在遵循巴方标准的同时，严格保证中国标准在电站设计标准、设备技术标准、施工技术标准中占比均达到90%。项目中的设备及技术方案也采用了大量的中国技术，比如：为适应项目地的高温情况，对户外电气设备采用的汇流箱、箱变等降温技术；为适应当地电网，采用的逆变器适应技术方案；以及电站运维双系统、电力Scada+光伏电站远程管理运维系统，电站运维阶段的清洗机器人、巡检无人机等。这些技术源于国内成功案例，并结合巴基斯坦当地气候条件及特殊要求加以改良。比如据参与一线施工的中方工程师介绍，经过周密的计算，太阳能板支架的重量达到每瓦50吨，而国内的同款支架往往只有每瓦40吨，这是考虑到项目地风大，通过增重以增强抗风性。正是这样对质量标准的严格要求，使得电站建成后得到了巴方电力部门、能源局和建设部门的高度赞扬。

中兴能源能够提供专业完善的全球工程售后中心服务，通过远程监控、在线支持、现场排障、定期巡检等多种方式对已建电站进行检查和维护。中兴能源与光伏监控系统领域一流的供应商进行合作，将信息技术和光伏发电技术完美结合，基于云计算和大数据基础架构，对光伏电站进行全方位的运行监控，使发电量数据实时呈现，提高了光伏电站的运行效率，实现了光伏电站的智能运维。

2. 齐心协力，克服困难与差异

中兴能源具备国际5A级工程实施能力，以科学的施工计划和规范的工序管理确保了施工质量。项目地夏季最高气温达50摄氏度以上，地面温度达到70摄氏度，每年的6月到8月间，当地进入汛期，有时会持续降雨十几天，炎热的天气和降雨成为现场施工和工期进度的最大障碍。中方在当地招募了大量巴基斯坦员工，他们与中方员工共同努力，尽可能地弥补天气因素对施工进度的影响。对此，巴基斯坦旁遮普省能源发展委员会新能源处处长萨尔曼·爱扎德给予了高度评价："让我们非常吃惊的是，中国工作人员非常努力、专业和娴熟，在当地的高温条件下也能按时完成任务。"

然而，施工队还要面对另一个考验。伊斯兰教斋月期间，当地工人白天不进食，连水都不喝，对工作效率影响较大，由于这是当地的宗教习俗，中国施工队表示完全尊重。"这样一来，他们就没有那么大体力去工作，一天能干一个小时，或者只能干一点事情。"在这种情况下，中兴能源巴哈瓦尔普尔真纳太阳能园区的项目总指挥徐鸿昌和中方员工加班加点，利用晚上的时间抢进度。"尽早供电，让当地老百姓体验到我们中兴能源的电，这很重要。"徐鸿昌表示。[3]

3. 应对疫情，防控施工两不误

新冠疫情暴发之初，项目一线员工快速响应，加强人员防护管理，积极调整工作方案，提早采购和储备防疫物资及生活必需品。电站严格实行封闭式管理，全面做好疫情监测、排查、预警等工作，严把入站体温监测、公共区域消毒、人员动态管理，参与该项目的中巴两国全体运维人员迎难而上，主动取消了休假，全情投入于各自岗位的工作之中。中兴能源也密切关注疫情的发展，第一时间为巴基斯坦项目员工加薪，对他们在这一时期的付出进行鼓励。

项目坚持各岗位人员在岗在位,全面加强设施设备的检测检修,落实好各项安全措施,确保光伏发电设备始终处于最佳运行状态,实现疫情期间设备运行不停,发电不停,并最大限度地做到满发、稳发、多发,为疫情防控保供电做出最大的努力。2020年2月,电站整体发电量为42 199 540千瓦时,完成发电指标110.84%。[4]

4月8日,中兴能源将200万卢比转账支票及价值约300万卢比的医疗物资交予巴基斯坦政府总理帮扶基金,医疗物资包括30 000个防护口罩、100个N95口罩以及300套医用防护服,用于支援当地的抗疫工作。此次捐赠得到了巴基斯坦政府及中国驻巴基斯坦大使馆的大力支持和高度认可。[5]

(三)项目后期

1. 解决就业问题,培养光伏储备人才

巴基斯坦当地的光伏人才,尤其是技术人才较为稀缺。第一期工程共有500多名来自国内各地的中方技术人员前往项目地工作,他们的主要任务是指导和培训巴基斯坦工人,除中方技术人员外,大部分一线实施人员都是在巴基斯坦当地招聘,他们主要负责光伏电站的建设施工以及太阳能板的安装工作。项目一期建设期解决了约3 000人的就业问题,运营期提供直接就业岗位52个,间接岗位约250个。项目为缺乏光伏产业经验的巴基斯坦培养了大量技术工程师,他们积累的技术和经验也将服务于巴基斯坦以后的建设。

一期工程完工并网后,运维工作组在负责后期运营和维护工作的同时,也承担了为巴基斯坦培训运营和维护人员的任务,电站建成后80%的运维人员为本地工程师。此外,中兴能源还联合当地拉合尔工程技术大学提供光伏技术培训,与大学合作建立实验室,邀请工程师定期授课,并设立实习岗位,为大学生提供实习机会,增加人才储备,为本地光伏技术人才发展奠定基础。

"加入中兴能源我感到很自豪和骄傲。在中兴能源工作的几年里,我以自己的工作为荣,我的家人和朋友也以我为荣,这不仅因为我在这里可以得到满意的薪水,更主要的是我在这里能得到中国同事和领导的尊重。每逢中国人的节日,中巴员工同庆,中方同事像家人那样对待我们,还会努力多学我们的语言,以减少沟通带来的障碍。看到两个国家结下如此深厚的友谊,难道不是很美吗?这种感觉实际上总是让我们为有中国这样的邻国而感到自豪。这是让我们更加努力工作的动力,愿中巴友谊长存。"中兴能源巴基斯坦光伏电站B站运维工程师阿卜杜勒·拉赫曼·阿里夫说。[6]

2. 服务社区,推动长期可持续发展

为确保可持续发展的理念贯穿项目始终,中兴能源非常重视当地社区的经济社会发展和人民物质精神生活。项目满足了巴基斯坦30万户家庭约150万人口的用电需求,极大地改善了本地电力短缺问题。巴基斯坦是伊斯兰国家,民众信仰伊斯兰教,在项目建设过程中,中方充分尊重当地宗教风俗,保留了电站园区内洁白的清真寺,并翻修墙体及屋顶,修缮水井,以方便村民及当地员工祈祷。

未来,中兴能源将适应国际化发展趋势,继续发挥示范作用,服务国际社会民生。比如与巴基斯坦多所高校合作建立联合实验室,联合推进基础研究和创新技术研究,提升当地综合创新能力。此外,在巴哈瓦尔布尔水资源缺乏地区,投资建设饮用水净化站,长期免费提供饮用水,为当地居民解决长期以来饮用水缺少的问题;还为该地区的医院提供储能光伏供电系统,为重要负载提供不间断供电,解决当地经常停电带来的一些医疗设备无法安全使用的困扰。

四、项目可供借鉴的经验

(一)精诚合作,调动国内外各项资源

中兴能源一期工程顺利完工,在保证质量的前提下彰显了"中国速度",这背后离不开中兴能源强大的资源整合能力和物流交付能力。在前期

采购中，中兴能源的设备供应商遍布全国各地，其中既有细分领域的龙头企业，也有地域性的中小企业，通过这次的项目，它们也在中兴能源的带动下实现了"走出去"，促进了企业的发展。

把采购好的设备从不同起点，经不同运输方式在开工前运抵巴基斯坦，也是中兴能源通过与各方充分协调合作完成的。巴基斯坦旁遮普省能源发展委员会新能源处处长萨尔曼·爱扎德表示："开始我们并没有期望中兴能源的进展能有多快，但事实上，当他们包机进口第一批 100 兆瓦设备时，我们都很吃惊，在巴基斯坦这样通过包机进口设备真是太棒了。"这正是中兴能源强大的物流交付能力的体现，为保证从国内各地各合作企业采购的设备都能顺利、及时抵达目的地，中兴能源海陆空三管齐下，开创性使用战略运输机安-124 运送光伏电站主变压器，保证了工程进度。

为保障项目能够如期完工并顺利运营，中兴能源与国内金融机构以及中国驻巴基斯坦金融机构展开人民币业务的深度合作，依靠庞大的资金实力为项目保驾护航，比如中国工商银行卡拉奇分行表示会加大对中巴经济走廊倡议项目的金融支持力度。此外，巴基斯坦联邦政府、旁遮普省政府、巴哈瓦普当地政府、巴基斯坦驻中国大使馆等各级部门在项目审批、清关通关、税务减免、基础设施建设、安全保障、签证办理等诸多方面提供了高效的支持和服务，为中巴经济走廊项目开辟绿色通道，也使得该项目成为中巴经济走廊第一个实现并网发电的能源项目。

（二）整合协同，发挥项目带动作用

中兴能源充分发挥现有项目与巴基斯坦新项目之间的协同作用，保障了该项目的快速顺利实施。中兴能源南疆新能源产业基地位于新疆阿图什市昆山产业园，设有光伏相关领域产品的研发和生产中心，已实现研发、设计、生产、制造、检测的全产业链能力建设。该基地充分利用新疆作为中巴经济走廊桥头堡的地缘优势，为巴基斯坦旁遮普省 900 兆瓦光伏地面电站项目提供大量物资、工程机械和光伏配套产品。此外，南疆新能源基地作为项目的人才输出基地，向巴基斯坦输出多名少数民族产业工人，有

的已在项目中担任骨干。

南疆新能源产业基地在这次巴基斯坦光伏电站项目中首次独立完成从生产、包装到物流的全流程操作，标志着南疆新能源产业基地开始启动中巴经济走廊优先实施项目大规模产品交付，成为新疆企业支持中巴经济走廊项目的成功典范。

在中巴政府的支持和保障下，中兴能源克服各种困难，以高标准的"中国速度"推进项目建设，在大规模施工启动后90天完成50兆瓦并网发电，并于2016年6月实现300兆瓦全部并网，创造了中巴经济走廊首个完成融资、首个建成并网发电的能源项目，领跑"一带一路"国际项目建设。[7]正如巴基斯坦可再生能源委员会首席执行官阿姆贾德·阿万所说："我认为这是一个可以引领趋势的私营能源项目，这是第一个私人项目，巴基斯坦政府十分重视，并且这个项目发展得很迅速，有一部分已经投入运营了，现在这个项目能达到的电量已经达到三亿兆瓦功率，这个光伏项目将会吸引更多的中国乃至全世界的投资者。"

参考文献

1. 博鳌亚洲论坛，"一带一路"绿色发展国际联盟．"一带一路"绿色发展案例报告（2019）[R/OL]．（2019-09）[2024-12-02]．http：//www.brigc.net/zcyj/bgxz/2020/202007/t20200722_102065.html.

2. 华中科技大学经济学院．经济学院2019年第五十五次学术讲座 从"拒绝令"看贸易战——通讯行业的视角 "一带一路项目融资案例分享——巴基斯坦光伏电站项目"[EB/OL]．（2019-11-11）[2024-12-02]．http：//eco.hust.edu.cn/info/1101/9474.htm.

3. 中兴能源徐鸿昌：中巴一带一路900兆瓦光伏项目纪实[EB/OL]．（2017-05-17）[2024-12-02]．https：//news.solarbe.com/201705/17/113187.html.

4. 防疫生产两不误：中兴能源巴基斯坦900MW光伏电站项目在行动[EB/OL]．（2020-04-08）[2024-12-02]．https：//city.cri.cn/chinanews/20200408/10e8dbc1-8b04-e561-f218-d35ea8c7bb3f.html.

5. 爱心捐赠共抗疫情，中兴能源向巴基斯坦政府捐资捐物[EB/OL]．（2020-04-09）

［2024-12-02］. http：//mobile.rmzxb.com.cn/tranm/index/url/csgy.rmzxb.com.cn/c/2020-04-09/2552732.shtml.

6. 中巴经济走廊改变这里一代人的命运［EB/OL］.（2019-06-27）［2024-12-02］. https：//www.sohu.com/a/323382127_714344.

7. 中兴能源巴基斯坦900兆瓦光伏电站一期并网发电，系全球单体最大［EB/OL］.（2016-06-11）［2024-12-02］. https：//www.guancha.cn/Neighbors/2016_06_11_363499.shtml.

北京大学"一带一路"书院:不忘教育初心勇担时代重任[*]

张影、袁慰

创作者说

"一带一路"书院是北京大学光华管理学院倡导成立的一个跨文化、跨学科、跨区域的教育平台,旨在培养具有国际视野、人文素养和社会责任的全球公民。"未来领导者"项目的是"一带一路"书院推出的全英文本科项目,面向全球招收优秀的高中毕业生,提供四年制的本科教育。该项目也是北京大学的首个全英文本科项目,其设立过程得到了校内外多方的研讨与支持。

本案例以北京大学"一带一路"书院设立的背景和目标为背景,回顾了"未来领导者"项目的设立过程和运营效果,如招生方式、师资队伍建立、教学内容设置、课程管理,以及首届学生入学生活的真实体验,展示了北京大学"一带一路"书院是如何借鉴国际经验,结合中国特色,打造全英文、全球化、多元化的本科项目的。在展示该项目在多方面的实践创新的同时,揭示了其背后面临的挑战和思考。

本案例涉及多个与高等教育相关的主题和议题,如国际化教育、跨文化交流、跨学科融合、社会责任教育、在线教学、疫情应对等,为教师和学生提供了丰富的讨论材料,激发他们对当下教育现状和趋势的思考与探

---

[*] 本案例纳入北京大学管理案例库的时间为2022年6月9日。

索。同时,本案例也反映了一个新的非营利项目设立过程中多个利益相关者的视角和诉求,为高等教育创新与发展提供了鲜活的经验和参考。

引言

北京大学是中国近现代第一所国立综合性大学,她的成长始终紧密地与国家发展联系在一起。秉持北京大学精神传承,光华管理学院发挥学术优势参与和见证着祖国的发展。在共建"一带一路"提出五周年之际,光华管理学院顺势而为,于2018年发起并成立了北京大学"一带一路"书院(以下简称"书院")。书院旨在以教学培养推动新型全球化的政商领导者,以研究探索经济与社会发展路径,以科学精神讲述真实的中国发展故事,打造中国与世界沟通的学术平台。

2019年,以立德树人为宗旨和响应国家"双一流"建设的号召,依托北京大学一流的人文社科培养体系和光华管理学院的学科优势,书院推出北京大学首个英文国际本科项目——"未来领导者",即联合全球顶尖的商学院,为全球化新时代培养既具有国际视野又深度了解中国的未来领导者。该项目无论在课程设计、学员招募还是日常运营管理等方面在全球的商学教育范围内均属创新。

目前,"未来领导者"项目已经成功地迎来了第二届的学生入学。回首项目启动之时的艰辛与疫情带来的挑战,书院团队始终不忘初心,怀揣着对未来商学教育的思考与坚持。一路走来,"未来领导者"项目获得了北京大学、国家与国际社会的热烈回应。

一、未来商学教育的思考

> 一所好大学能给学生带来什么?第一是做人的道理,第二是丰富的知识,第三是远大的眼光。
>
> ——厉以宁,北京大学光华管理学院名誉院长

自光华管理学院成立以来,一直以学术研究、学科建设和人才培养为工作核心,以建设"世界一流商学院"为目标,高标准严要求地发展了三十余年。目前,光华管理学院拥有中国一流的经济和管理学师资队伍,始终立足于社会和经济变革的最前沿,以国际通行的研究工具和方法,深度研究中国经济、管理现象与问题,做有世界水平、有国际影响力的中国学问。在中国乃至亚洲高等学府中,光华管理学院的学术论文发表从数量到质量都名列前茅。

根据2018年至2021年的QS世界大学学科排名①,北京大学以光华管理学院为主体的三个经济管理相关学科均居亚洲乃至世界前列,其中会计与金融、经济学与计量经济在中国内地高校中均排名第一,商业与管理研究在中国高校中排名第一与第二。

(一)面向未来的责任与担当

2018年4月,北京大学"一带一路"书院正式宣布成立。2018年是中国改革开放40周年,也是北京大学建校120周年。光华管理学院院长刘俏在书院的成立仪式上诠释了"一带一路"书院的内涵。他表示,书院是一封面向未来的邀请函,邀请来自全世界各地的政商精英一起交流发展理念和经验,破题影响人类社会进化的重大问题,以平等和开放的胸襟一起定义全球化新时代的内涵。

(二)保持教育者的初心

(未来领导者)项目筹建的过程敦促教授和培养体系的设计者思考,一个教育机构应该如何践行自己的使命,不断思考为谁教、教什么、怎么教的核心问题。[1]

——刘俏,北京大学光华管理学院院长

---

① QS世界大学学科排名由英国的一家国际教育市场管理公司夸夸雷利·西蒙兹(Quacquarelli Symonds, QS)发布。

站在新的历史节点，作为学者和教育者的刘俏，开始审视光华管理学院长久以来的使命——创造管理知识，培养商界领袖，推动社会进步。他不禁自问，新一代的商业领袖将是什么样子？除了高分通过学科的考试，他们还需要有什么样的能力？那么，作为教育机构，书院应该为他们提供什么样的学习与思考的环境？

回应这些问题，刘俏设想出了一个来自不同国家，多种族、多文化的国际课堂。学生们在这里从陌生、碰撞到理解、包容，这个过程将帮助他们打破文化遮蔽效应，提升跨文化理解力，学会站在不同角度分析对待问题，获得同理心，在不断地破与立、立与破之中成长，在携手并进、砥砺前行中真正获得国际视野、批判性思维以及应对和解决复杂国际问题的能力。

二、未来领导者项目的创立

经过一番讨论与调研，书院将首个学位项目聚焦于本科教育这一世界观、人生观、价值观形成的重要时期，通过创新培养模式为新时代培养具有跨文化理解力与人类命运共同体使命感的国际领导者。最终，该国际本科教育项目以"未来领导者"而命名。

参考国际商学院普遍的合作模式与学制，"未来领导者"项目筹备组谋划，以"2+2"学制的双学位国际本科为基础，引入多所合作院校，在保证生源质量的前提下，打造"多国家、多种族、多文化"的国际课堂。为此，"未来领导者"项目筹备组联合光华本科研究生项目兵分两路，一方面从学位教育的制度与审批的角度，去探究在学校层面和书院执行层面的可行性；另一方面则从合作院校的角度，与"一带一路"相关国家，乃至全球优秀的商学教育者达成合作意向。

（一）开创新时代国际教育新机制

观察国际上高等教育联合培养的实践，很多主流大学都认同学生在其他大学修读的学分，只要完成获得学位所要求的学业，且其中一半学分是在本校修读，即可颁授本校的学位证书。道理虽简单，在执行上却存在诸多需要确认的细节，包括各国教育部门的制度要求、各校学制及学分的要求、课程体系等。尤其在北京大学，以往留学生需要用中文完成与中国学生一样的学时和学分才可获得由北京大学颁发的学位证书。因此，创立以全英文教学的本科项目更具挑战性。

2018年7月，基于对"未来领导者"项目学制的设想，筹备组先向北京大学教务部征询意见。北京大学教务部部长傅绥燕在听取了筹备组对项目目标和设计的设想之后，表示认同项目的要义和支持创新模式的探索。随后，北京大学教务部也积极地与筹备组配合梳理教育部在学位管理上的相关政策与制度，如从国际本科项目设立的流程与审批，到颁发学位证书的合法合规性的探讨等。

在获得北京大学教务部的支持和初步确定项目的可行性后，筹备组继续与北京大学国际合作部、留学生办公室、招生办公室请教探讨相关规章制度，进行筹划，制定招生标准、学生注册、学籍管理和奖学金等执行流程和标准，可谓事无巨细。

其中，为了可以吸引到全球最优质的生源，筹备组制定了较为严苛的招生标准。不仅要求学习成绩绝对优异，而且通过小篇论文、个人陈述和多轮面试的设置做到"优中选优"。与之相对应，项目设计也会为最终录取的学生提供全额奖学金。

在奖学金的获取上，筹备组主动开辟了多元化的资金支持渠道。具体在北京大学留学生办公室的支持下，为部分学生提供北京市优秀留学生奖学金、北京大学优秀新生奖学金。此外，筹备组还研究了中国驻外使馆可以给所在国学生提供中国国家奖学金的政策。经过北京大学国际合作部主管领导和光华管理学院院领导的积极沟通与协调，驻欧盟使团、驻加拿大等国家和地区的中国驻外使领馆都表示了对"未来领导者"项目理念的认同，并充分认可已录取学生的质量，最终为项目开放了奖学金申请通道。同时，这项工作也顺势为中国驻外使馆在对外教育合作上提供了新抓手，以中国驻加拿大使馆为例，在这个过程中，中国驻加拿大使馆与本土的优秀大学建立了更紧密的联系与合作。

（二）新时代的商学教育体系

作为一个在国际本科商学教育上前所未有的创新项目，"未来领导者"项目突破创新的过程中也遇到了很多挑战，其中一个最重要的挑战就是项目课程体系的打造。

第一，需与各校从学制、学分、课程内容等方面进行梳理，进而对标各国教育制度对本科学位颁发的标准。光华管理学院全球事务办公室主任兼"一带一路"书院办公室主任莫舒珺回忆，筹备组最初与20余所有潜在合作意向的院校展开了第一轮沟通。确实有些院校因为本国的教育制度规定，或因为校方对于学制的要求或学分转换上的困难无法达成合作。经过第一轮的接洽与筛选，筹备组开始就工商管理专业的课程内容与合作院校展开培养方案的商议。达成培养方案的基础条件，是要满足北京大学与合作院校对于毕业的课程内容设置和学分要求。筹备组需与潜在合作院校逐一对照彼此的课程体系和课程大纲。因为合作院校分布在世界各地，有很个性化的问题需要"具体问题，具体分析"，彼此间经历了多个回合严谨与细致的讨论。其间的挑战与工作量不言而喻。但同时，筹备组也自信地发现，光华管理学院自身的课程体系与这些国际上领先的、成熟的商学院本科的课程体系匹配度很高，这也奠定了整合培养方案的可探讨性与可行性。

第二，经过多方积极的讨论，一整套适宜"未来领导者"项目学制的工商管理专业课程体系得以确立。项目采用"2+2"的合作模式，即项目第一、二学年学生在本国院校修读经济管理基础课，第三、四学年"未来领导者"项目的学生将一起在光华管理学院开展更高阶的专业领域知识学习。在这两年里，学生需完成120学分的课程，其中60学分在学生本校完成，另外60学分在光华管理学院完成。该培养方案除了工商管理专业开设的传统课程，还充分体现了"中国元素"，依托光华管理学院对中国经济管理问题的深厚研究基础，为"未来领导者"项目的学生量身打造了"中国发展"系列必修课，包括"中国经济""中国金融""中国管理""中国社会""中国营销""中国投资"等英文选修课程，让学生可以从不同领域的学术视角全面、系统地认识和理解中国的发展；项目还计划把课堂带到校园之外，通过"沉浸式中国发展探索""顶石实践课程"（Capstone Project）这些实践课程深入中国其他城市和地区，通过互动式、浸润式的教学模式进行文化探索、社会调研、田野调查，在实际场景中应用所学知识，为中外学生提供丰富的实践机会，帮助他们深入中国社会，了解中国国情与民情。

（三）新时代国际商学教育联盟

2019年1月11日，北京大学举行新闻发布会，正式对外发布三项服务共建"一带一路"重大项目，"未来领导者"国际本科项目是其中之一。北京大学校长郝平表示，共建"一带一路"为当前的全球化注入了新内涵，为各国青年对接梦想提供了新机遇，也为大学教学研究提出了新课题。站在新的历史节点，始终与国家共命运、同进步的北京大学以学术机构特有的优势积极服务共建"一带一路"。"未来领导者"国际双学位本科项目，是北京大学服务共建"一带一路"重大项目中关注全球发展、着眼长远未来的项目，将为新时期中国教育对外开放提供新思路，为推动构建人类命运共同体汇聚人才力量。[2]

2019年4月，"未来领导者"项目正式推出，北京大学校长郝平、联合国工业发展组织总干事李勇、教育部国际合作与交流司司长刘锦、光华管理学院院长刘俏及十余所国际顶尖院校代表出席了启动仪式。刘锦司长特别提到，"未来领导者"项目的推出展现了北京大学这所中外知名大学积极服务国家和社会、培养未来国际领导者的责任与担当。她认为，北京大学通过这一项目，与全球顶尖院校共同打造高端国际教育合作联盟，将为新时代中国教育对外开放提供新的思路。

当时，北京大学"一带一路"书院和"未来领导者"国际本科项目已经获得中国政府和全球超过15所院校的支持。首批海外合作院校共15所，包括巴西FGV大学商学院、波兰华沙中央商学院、德国曼海姆大学、俄罗斯莫斯科国立大学、法国埃塞克高等商学院、荷兰伊拉斯姆斯大学、加拿大女王大学、加拿大约克大学、日本庆应义塾大学、西班牙企业学院、新加坡国立大学商学院、香港大学、意大利米兰路易吉·博科尼大学、以色列特拉维夫大学、西班牙艾赛德商学院。

合作联盟的正式对外公布，令莫舒珺老师感慨万千。她回想在获得北京大学教务部等对项目的首肯后，筹备组大约从2018年暑期开始着手联系潜在合作院校，在短短半年内能够建立合作联盟，有这么多"一带一路"相关国家以及其他国家和地区最优秀的商学本科项目积极回应和参与，一方面是依托光华管理学院多年以来建立的广泛而友好的国际合作网络基础，另一方面证明了"未来领导者"项目的培养理念是具有引领性的，是受到国际上高水平商学教育同行高度认同的，也反映出他们对中国快速发展的认可与关注。

在交流中，让莫舒珺老师印象很深刻的是合作院校同行表达出的对主办"未来领导者"项目的羡慕，事实上"这是一件只有在世界上有重要影响力的国家和在全球有吸引力的大学才能做到的事情"。

三、首届"未来领导者"项目的运营

随着"未来领导者"项目的筹备工作迅速推进，从2019年的暑假开始，书院开启了"未来领导者"项目第一届的招生工作。2020年的金秋9月，光华管理学院的"云端"迎来了首届"未来领导者"开学典礼。

典礼上，联合国教科文组织前总干事伊琳娜·博科娃（Irina Bokova）为"未来领导者"项目的学生发来视频寄语，"领导力需要具有正确的道德观，肩负对社区和他人的责任，这种责任意味着拥抱变革、鼓励创新、包容差异、尊重他人。""未来领导者"项目正是顺应了这样的时代需求，通过全球顶尖院校间教育层面上的合作、交流、互鉴，构建了一个培养世界优秀人才的国际平台，促进了全球青年间的沟通协作，为未来国际社会的持久和平增添相互理解、真诚支持的可能。

但是受2020年新冠疫情的影响，国际学生暂时不能如期到校。这给本是创新项目的"未来领导者"项目运营带来了极大的挑战，并且大大增加了实际运营难度。但是书院团队的工作人员和参与授课的教师本着教育者的初心，对"未来领导者"项目主旨实现和未来人才培养的信心，通过各种创新形式的线上、线下手段，实实在在地解决海外学生所遇到的问题。即使在线上，也让学生们体验到课堂的品质和学校的关爱。

（一）生源对项目的验证

> 2019年10月左右，我们大概花了10天的时间在欧洲，对各合作院校筛选出的候选者进行面试。让我的印象很深。这些候选者在本校无论是学习成绩还是社团活动、兴趣爱好等各方面都非常优秀。有些甚至已经自学了中文，有了一定的中文交流能力。他们可以说是年级里的风云人物。在与他们的面试交流中，我们感到项目的方向印证了对了！这些新一代的年轻人是真的自发地关注中国和中国的发展。"
>
> ——周黎安，北京大学光华管理学院副院长

周黎安是光华管理学院本科研究生项目的主管副院长，是教育部长江学者特聘教授，在书院创立"未来领导者"项目期间，与刘俏院长一起作为项目创始团队的主管领导。

周黎安回忆，自己正式深入参与"未来领导者"项目的第一个任务是"招生"。他深知生源对于一个教学项目的意义。他认为，虽然项目有着严苛的筛选标准，但是很大程度上合作院校对于项目的态度和学生的选择会影响生源的综合质量，以及项目目标的达成。而与欧洲合作院校面试的过程，给了周黎安和书院极大的信心。这些候选者所展示出的综合素质，所具有的多国生活、学习经历，以及他们对中国社会、经济的求知欲，令面试组兴奋且欣慰：既是为新时代国际青年的能力和视野所兴奋，也是为"未来领导者"项目得到目标群体强烈的共鸣而感到欣慰。

最终，来自世界各地顶尖院校的26名国际学生成为"未来领导者"项目的首届学生，他们90%以上都是成绩在原学校专业里排名前20%的学生，其中更不乏位于1%的顶尖者。他们中的70%掌握3种以上的语言，50%有多个国家或不同文化背景地区的生活经历。另有10名中国学生来自北京大学的各个院系，他们通过二次招生的层层筛选最终被该项目录取。

（二）项目运营与管理

国际学生不能如期来到中国，线上沟通成为唯一开展教学的途径。书院团队以学生的知识获取与课堂体验为核心目标，通过与北京大学教务部、留学生办公室等部门协调，对学生注册、选课、上课等各个环节进行了线上实施方案的突破与创新。

新生首先面对的是学籍注册。原计划国际学生到达北京大学校园后需完成的学籍注册和选课都被迫移至线上。同时，作为北京大学的第一个全英文项目，在疫情的影响下，教务注册系统并不能完整转换为适宜国际学生使用的英文系统。对此，书院团队毅然决定通过制作系统使用、操作步骤等的中英文对照说明（见图1），一步步地对注册流程进行指导。随着学生学习进程的推进，书院团队还相继翻译了教务、学籍、学工等英文指导说明，协助搭建英文转学分系统等，促进学校整体教学服务平台国际化水平的提升。

图1　选课系统中英文对照使用指南

资料来源："一带一路"书院提供。

另外，鉴于"未来领导者"项目每个学生在各自学校大一、大二已完成学习课程的差异，书院设计了"学术导师"，与学生进行课程规划和培养计划的讨论，具体根据学生过往的学习背景、研究兴趣、课程时差等提供咨询与辅导。为了保证全体学生能顺利完成学籍注册与选课，书院团队在人手非常有限的情况下，在开学前夕与学生保持着全天24小时即时的一对一沟通。

与此同时，书院联合光华管理学院的IT中心、行政中心，预先紧锣密鼓地实施"线上线下同步课堂"教室的改造，大力投资技术设施，进一步保证课堂体验。此外，书院还与光华管理学院本科教务管理员协调授课时间，克服时差问题，将所有课程调整到大部分学生"醒着"的时间，即下午和晚上的时段。对于时间安排，无论是授课教师还是学生都给予充分的理解和支持。很多授课教师骄傲地反馈给书院，"课上讨论太积极了，让我也兴奋得一晚上睡不着觉"。班上也有一小部分身处北美时区的学生，个别课程他们选择了看录播，并结合教师讲授和课堂讨论记录下自己的问题和观点，通过邮件进一步向授课教师进行请教和反馈。

（三）书院制下的课堂与教学

> 应该说光华管理学院是派出了最好的一批教授进入"未来领导者"项目。从第一届第一学年的教学结果来看还是不错的。虽然突如其来的疫情确实给项目，尤其是我们"书院制"的学习方式——共同生活，共同学习——带来了很大的挑战。尽管是通过线上教学，我也看到学生们渴望一起探讨、一起交流。与我们过往全中文的课程相比，确实给教学带来很多不一样的惊喜。
>
> ——周黎安，北京大学光华管理学院副院长

"未来领导者"项目的很多任课教师都对这个班级学生的课堂活跃度有很深刻的印象。他们认为，即便是线上，也并没有阻碍国际学生在课堂上的参与度与活跃度，他们在课堂上的提问、自我表达和深度思考能力都令

人印象深刻。究其原因，一方面可能是由于国际学生本身缺乏对中国的了解，在中国文化、经验、制度背景等方面会提出很多问题。另一方面，他们确实是学习成绩优异的学生，能从理论分析的角度提出一些具有挑战性的问题，并且国际学生更加习惯于跟随课堂深度思考和进行批判性思维的训练。与之相比，在学期初，中国学生在课堂上的活跃度相对低一些，但是随着课程的推进，中国学生在课堂上的互动变得更加积极。这种相互追赶、相互影响、相互信任的局面验证了"未来领导者"项目的设计目标，多元化的课堂让他们形成了很好的互动、互补关系。

与活跃课堂相对应的，是对教学内容与方法提出了更高的要求。第一，光华管理学院的授课教师们本身非常重视授课内容的科学严谨性，授课内容与观点多是基于对国际通行的研究方法的运用，通过大量的数据研究与分析而来。第二，考虑到多元化、多文化的问题，对于背景知识、理论分析方法等内容的讲授都需要更加细致与完善，进而提升学生的听课体验。

其中"中国经济"的授课教师周黎安认为，本科教育更多的是启蒙式的教学，是知识、经验的传授。教学过程中可能解决了学生的一部分疑问，同时可能又会启发他们提出更多的疑问，而这些疑问实质上是对授课内容的延伸。所以，教师通过不断的课堂反馈，将课程主体内容与学生可能提出的问题组织起来，并流畅地在课堂上呈现。教学过程中，授课教师会更充分地备课，查阅更多的文献、资料等，在"未来领导者"项目这样一个国际化、多元化、多视角的场景下，这个过程就更加有意义了，同时还可以反哺光华管理学院相关的中文课程。

项目课程通过小班授课、内容研讨、批判性思考的设计，营造了沉浸式的学习氛围，使我尤为享受且珍惜每一节课。我在与国内外同学们的讨论交流及思想交锋中不仅提升了自己的英文沟通能力，而且从不同背景的同学身上学习到了分析问题的不同视角和思维。项目特别设置了学术导师制度，在与学术导师的交流中，我获得了老师对于我未来发展道路规划的悉心指导，以及对于我目前研究工作的建议，使我受益匪浅。我想"未来领导者"项目的经历将成为影响我一生的宝贵体验。

——曹雅俊（中国），第一届学生

"中国营销实践"的授课教师沈俏蔚称，面对这些已在大一、大二学习了基础理论且非常多元化的学生，她会选择通过"分组作业"的方式发挥课堂多元化、国际化的优势，创造针对同一问题多视角、深入讨论与分析的机会。以"Z时代消费者特点"为主题的分组作业为例，沈俏蔚教授会将班里的学生打乱，在尽量保证每组一名中国学生的情况下，让一个小组里包含尽量多不同国家的学生。要求小组通过设计问卷进行消费者特点分析。小组自由选择研究消费者的国别或区域范围。最终，每个小组都选择了本国与中国调查数据进行对比，在课堂上呈现出全球十多个国家的数据。这不仅让课堂上的学生了解彼此国家的情况，也从问卷设计、数据搜集方法与分析依据的角度进行更为深入的学术探讨。

"未来领导者"项目采用的课堂讨论和课堂小组项目相结合的教学方式让我十分受益。在课堂上，我们了解中国各个行业的关键趋势，在小组项目中，我们还有机会深入一个感兴趣的领域。我认为这种教学方式很棒，既让我们有机会学习重要的理论和概念，也让我们有机会探索未知的世界。

——Niklas Muennighoff（德国），第一届学生

"中国管理"的授课教师马力称，在他的课程内容里除了对中国前沿商业实践的扎实分析，还有很重要的一部分内容是展现中国人的文化与价值观。在"未来领导者"项目的课堂上，他会通过视频、音频、照片资料等多媒体的手段呈现真实、鲜活的商业决策环境或名人观点，并结合与课程主题相关的案例分析，组织课堂上的讨论、模拟练习等加强学生的参与感与知识实践。同时，马力教授愿意投入精力和资源深入参与每个学生的课下问题与作业讨论，他也愿意为学生们"牵线搭桥"，提供中国企业家的访谈线索，帮助提供中国政策相关的资料，讨论研究方法、数据观点等，这

些实实在在的支持让学生们备受感动。

  "未来领导者"项目给我提供了一个绝佳的机会去深切地理解中国文化和中国管理，了解隐藏在西方视角下的中国精髓，让我沉浸在中国文化中，了解它的根源，并从不同的视角洞悉中国商业发展。

——Miranda Fenoy（西班牙），第一届学生

（四）书院制下的学生生活

  "未来领导者"项目书院制的另一个主要特点是"共同生活"。尽管学生们只能通过线上上课，但从一起面对这一特殊情况开始，他们友谊的种子便已播下。

  第一届"未来领导者"项目的班主任张宇教授回忆，其实第一届学生的迎新对于项目全体都是很有挑战的，因为无论是授课和运营团队，还是学生都希望能在中国见到彼此。书院非常理解学生们的失落，书院团队认真思考，在为学生提供一般的教务支持之外，如何让学生们尽快相互熟悉，感受到团体的温暖，共同在云端体验"书院制"的学习、生活氛围。

  学期伊始，最先是通过"线上班会"的形式，组织班级见面会，与授课教师们见面等。过程中，依照一般中国大学班级组织形式，特别组织了"班委选举会"。但实际上，"班级""团支书""班长""体育委员""文艺委员"之类的名词在很多国际学生所在的国家并不存在。通过较多的关于班委职能的沟通与讨论，"班委会"（Social Committee）顺利成立。

  我们现在回看，这些主动自荐班委的学生本身在学习上也是很积极、很优秀的。有些在本国学校的年级里已经是学生会或社团的骨干。

——张宇，北京大学光华管理学院金融系教授

  随着班委人选的确定，也将迎来第一次由班委组织的班会，主题定为"破冰"。班主任与辅导员在网上也搜集了很多时下年轻人喜欢的线上互动游戏，与班委一起讨论。最终以"知识竞答"的形式，在全班进行"跨文化知识"和"学生信息"的问答。令人既意外又不意外的是，班主任张宇

教授获得了"学生信息"问答的最高分。经过此次活动，班级同学之间、同学与班主任和辅导员之间的了解与信任大大地增进了。从那以后，在一个月一到两次班会的基础上，学生们之间也自发组织"同学生日会""线上早餐、夜宵""线上节日派对"等活动，一些身处欧洲的同学更组织了线下学习讨论、聚餐、旅游等活动。

书院也计划将该"知识竞答"游戏作为"未来领导者"班级的传统活动用于新生"破冰"。与此同时，书院也尝试为学生们创造更多了解中国的活动。例如，针对一些有中文学习需求的学生，书院在北京大学全校范围内发起了"语言、文化互助伙伴"活动。国际学生可以从班级以外的同龄人口中了解中国、学习中文；参与的中国学生除了英语口语练习的机会，还有了西班牙语、意大利语、德语等小语种语言学习的机会，更此过程中了解到其他国家的文化。不仅如此，每一对互助伙伴还轮流向全班展示彼此国家著名节日的历史与习俗等。

除了丰富学生们的课余生活，书院也非常注重每一个学生的心理健康，事先考虑到"疫情的影响""好学生的自我否定""多国背景下的竞争与压力"等心理健康问题可能性的存在。书院的辅导员特地组织了不定期的教学跟踪访谈——"线上唠家常"（Coffee Chat），关注学生们的状态，给予真诚的关怀，提供心理疏导的途径与资源。

"未来领导者"项目迎来第一个新年之时，原本只是计划通过线上"新年联欢会"的方式一起庆祝。但是，令书院感到惊讶的是学生们私下联合制作了一则非常精良的"新年祝福"短视频，这令书院和光华管理学院的老师们都非常感动。视频里诠释了他们心中的"志合者，不以山海为远"，每个位学生都面对镜头表达了对彼此、对"未来领导者"项目、对"世界"的新年祝福，以及各自对新时代青年领导者的理解。

随着第一届"未来领导者"项目进入第二学期，班委与同学们自发地关注第二届的招生工作，并且主动帮助书院联系各自的学校进行新生招募。例如，与报名的学生进行面对面沟通，分享个人体验等。

四、启示与未来

尽管全球疫情仍未散去,但伴随着"未来领导者"项目第一个学年的完成,北京大学还是如期迎来了第二届"未来领导者"项目的学生。与第一届相比,第二届的招生录取数量有增无减,在近百名符合学术成绩要求的申请者中成功招收了 44 名学生,包括 6 名北京大学的中国内地学生和 38 名来自中国香港、加拿大、荷兰、法国、德国、以色列、新西兰、挪威、波兰、葡萄牙、塞维瓦多、新加坡、西班牙、越南等国家和地区合作院校提名的学生。招生数量与合作院校的增加足以说明国际社会对"未来领导者"项目的认同与认可。

从书院创建"未来领导者"项目到今天,这短短的 3 年里,书院与北京大学、光华管理学院和学生们克服了诸多困难,在共同实现新时代教育目标的道路上创造了无数美好的瞬间。这些瞬间将变成美好的回忆,伴随着这些新时代新青年的一生,也将成为在新时代高等教育创新之路上的可贵经验和参考范式。

(一)反哺本科教育创新

作为北京大学唯一的国际本科项目,"未来领导者"致力于成为国际教育的"最佳实践"。"未来领导者"项目与教学工作的开展,一方面协助教务管理员建立英语转学分系统,并制作及翻译教务、学籍、学工等英文指导说明,促进北京大学整体教学服务平台国际化水平的提升;另一方面,从"育人"的角度,项目实践的成果也为光华管理学院自身本科教育的发展提供了前沿的、鲜活的参考,将优质课程和内容与中文本科项目课程合并与共享。例如,基于理论与社会调研的"中国发展"系列必修课程已经向当前光华管理学院本科教育的学生开放,并深受欢迎。而深层次的意义是,光华管理学院基于这些实践对自身教育体系和人才培养方案的思考与创新。

2020 年年底,光华管理学院提出了"科学、创新、实践、情怀"的本科培养新理念，重新梳理教学的底层逻辑，构建商学院学生的科学方法论以及实践认知论，进一步优化课程，夯实课程内容。启动"专业+辅修"的新型培养模式，即学生完成主修专业及方向课程的同时，可以选修一门或者多门辅修或相关课程，取得所要求的学分即可获得学院相关证书。

为突破学科界限，光华管理学院与工学院、信息科学技术学院拟通过开展"管理学+工学"和"管理学+理学"双学位合作方式，培养"复合型人才"，强调学生跨学科的思维和能力。为了让学生真正体验到研究型大学的丰富性、多元性、前沿性和广阔性，光华管理学院设立正心课堂、格物课堂、知行课堂，以价值引领为核心，提升学生立体化思维，真正让学生"走出去"，紧跟行业前沿，扎根一线实际，实现"懂自己、懂社会、懂中国、懂世界"的培养目标。

（二）基于学术的第二外交平台

2019年4月25—27日，第二届"一带一路"国际合作高峰论坛在北京举行。习近平主席在讲话中谈道，"我们要积极架设不同文明互学互鉴的桥梁，深入开展各领域人文合作，形成多元互动的人文交流格局"[3]。

随着书院的发展与"未来领导者"项目的成长，书院在建设多元互动的人文交流格局的工作上已经初现成效。作为北京大学唯一的英文本科项目，书院以引领创新教育国际化发展为目标，以学术为基础，通过保持高水平和高质量的开放，服务国家、社会的人才培养，从教学内容组织、教学氛围营造上助力搭建"不同文明互学互建的桥梁"。

从教学内容组织上，通过运用科学的研究方法和严谨的学术规范，做有世界水平的中国学问；通过回应、解答中国经济和商业的重大前沿课题，系统地梳理与中国发展相关的理论和实践，并擅于以国际通行的语言逻辑客观、系统、理性地讲述中国发展故事。

从教学氛围营造上，保持高水平、高质量的开放。通过汇集具有国际视野、文化同理心和跨文化沟通理解力的优秀青年，秉持对文化多样性的充分尊重，以客观、理性的精神看待新时代全球化的发展路径。引导学生思考和理解新时代全球化发展所需要人才的能力与目标，并将其纳入自己的人生追求中，最终为社会做出最大的贡献。

随着"未来领导者"项目第二届学生的入学，刘俏院长也对外宣布了国际博士培养计划，以书院为载体，针对合作院校中"一带一路"国家的学生，重新梳理国际博士项目。希望通过严谨、系统和前沿的学术训练，培养未来能够完全胜任高水平的大学、政府部门的教学与学术研究工作的国际学者。

我们希望通过对中国发展经验、发展道路、发展模式进行梳理研究，建立具有通用性的应用经济学和工商管理相关的理论体系，将学科发展的边界向外推进。[4]

——刘俏，北京大学光华管理学院院长

参考文献

1. 北京大学. 北大光华"未来领导者"本科项目来了！[EB/OL].（2021-06-16）[2024-11-23]. https://mp.pdnews.cn/Pc/ArtInfoApi/article?id=21286840.

2. 北京大学发布三大项目服务"一带一路"倡议[EB/OL].（2019-01-11）[2024-12-09]. https://baijiahao.baidu.com/s?id=1622356942255797276&wfr=spider&for=pc.

3. 陈凌. 人民日报评论员观察：架设不同文明互学互鉴的桥梁[N/OL]. 人民日报，2019-05-15[2024-11-10]. http://opinion.people.com.cn/n1/2019/0515/c1003-31084937.html.

4. 大学何为｜北大光华院长刘俏："破五唯"的最高境界是能引领学术风向[EB/OL].（2021-11-22）[2024-11-23]. https://baijiahao.baidu.com/s?id=1717080573993745094&wfr=spider&for=pc.

战略性企业社会责任如何落地生根
——石羊集团的文化创新实践*

武亚军、李汶倪

创作者说

陕西石羊（集团）股份有限公司（以下简称"石羊集团"）作为一家以农畜产品为主的陕西企业，在企业文化建设、商业模式创新、社会责任履行等方面都展现出其独特的"新秦商精神"。创始人魏存成将"仁义平和"的传统秦商精神融入企业的血脉之中，将个人目标与企业发展目标相结合，将企业利益与社会利益相结合，提出"提供绿色产品，共创美好生活"的企业使命，奠定了企业"战略性社会责任"实施的基础。石羊集团采用的"公司+家庭农场"的商业模式，以及在产品品质把控、社区经营等方面的创新性发展，凸显出企业对传统文化进行创造性转化，并与现代企业管理理念相结合，以适应新时代发展需求的实践探索。

石羊集团的案例，不仅有助于我们深入了解这家企业的成功之道，而且能够为我们提供一个窗口，窥探中国传统黄土文化在新时代的传承与发扬。石羊集团的案例也可以帮助我们理解"新秦商精神"的内涵，学习如何将传统文化与现代企业管理相结合，进行商业模式创新，以及积极履行企业社会责任；帮助我们理解乡村振兴战略的重要性；训练我们的思维能力和分析能力，培养实际问题解决能力，并践行"新秦商精神"。

---

* 本案例纳入北京大学管理案例库的时间为 2020 年 12 月 31 日。

传统秦商来自黄土高坡，大多保留着农家子弟的淳朴品质。清末文人郭嵩焘曾说过"中国商贾夙称山陕，山陕人之智术不及江浙，榷算不及江西湖广，而世守商贾之业，惟其心朴而心实也"。陕西商人不欺不诈，随行就市，按质论价，他们恪守"诚信为本"的经营道德，忠厚不欺，言不二价，这在明清时的商界有口皆碑。近代的陕西商人虽然在身份上有变化，但仍保留着仁义平和这一特点。

石羊集团是土生土长的陕西企业，它的企业文化中蕴含着陕西商人的基因。企业创建初始，石羊集团董事长魏存成就把文化体系建设提上日程，他要求每一个石羊人都要经常看到自己的不足，看到自己的危机，看到自己的责任，更要把个人责任融入社会责任中。在他看来，企业未来的发展方向与社会责任协同一致，才是企业可持续发展的基石。但是目前大多数企业仅仅通过承担一定的社会责任（例如公益事业）来实现企业自身价值、回馈社会，并未与企业自身的发展战略相结合。石羊集团掌门人魏存成高瞻远瞩，很早就意识到了这个问题，他认为，带有爱心和责任感的企业注定会把责任感融入企业的方方面面，在实现企业自身目标的同时，使社会共享企业发展带来的红利。经过多年的践行，石羊集团通过业绩证明了自己，更是在自身构建的产业链中使部分农民受益、使老百姓受益，在实现企业目标的同时，履行了社会责任，从而使企业的"战略性社会责任"落到实处。

一、创始人背景

魏存成身材魁梧，身姿挺拔，双目炯炯有神，虽然已复员多年，但军人的风姿仍在他身上体现得淋漓尽致，一身布衣彰显其低调朴实的本色。魏存成是陕西蒲城人，1986年退役之后开始创业之路，那时恰逢改革开放的春风拂来，魏存成看到了机遇。他和几名志同道合的战友及朋友筹集了4 000余元资金，办起了东陈镇第一家预制厂。自那时起，魏存成便肩负责任感，他心中并非仅为赚钱，而是想带动全村老百姓共同脱贫致富，这种责任感一直贯穿于他创办企业的始终。

> 我们强调的第一个字就是爱，核心价值观的第一个词就是爱心。多年部队的生活感受以及创办企业的经历，使我认识到不管是在部队，还是在企业，每个人都必须有爱心。这个爱心不能简单地理解为我帮助你、同情你，爱心是一种责任。更深一步讲，首先要有爱心才有责任，对家庭、对亲人都是如此，如果喜欢一个人，一定是责任，这种责任并不体现在买东西上。企业也是一样，如果对企业有爱心，那一定是责任，对客户、对产品都是一样的。进入石羊集团的员工，我第一强调的就是核心价值观，我们每个员工都要对这个企业有爱心，从家庭到产品再到社会，我们都必须负责。如果我们每个人都有这种爱心，都肩负责任，相信这个大家庭就有价值了。
>
> ——魏存成，石羊集团董事长

在魏存成的带领下，企业的发展蒸蒸日上，此后的几年中，纸箱厂、造纸厂、加油站先后创办，此时的东陈镇预制厂及其旗下企业已成为渭南地区为数不多的名优乡镇企业。企业的转折发生在1992年，那一年，魏存成做出了攸关企业未来的决策，那就是正式成立石羊集团。

此时的石羊集团已经脱胎换骨，再也不是哪行赚钱做哪行，没有目标没有规划的乡镇企业，随之而来的是一系列制度变革以及地域的迁移。此时的石羊集团目标非常清晰，要做前景更为广阔的农副产品加工行业，从油脂行业到饲料行业，再到畜牧养殖业及进出口贸易等，石羊集团要在企业的上下游相关产业链条上进行规模扩张，从而形成集团的主导产业。

随着石羊集团的发展壮大，魏存成也发生了很大变化，他意识到自身知识及视野的局限性会影响到企业未来的发展，作为企业家，他必须做出改变。"石羊集团是一家学习型的企业，从我个人而言我认为两件事非常重要：管理企业和学习。"魏存成说道。从1996年开始，魏存成便开始其学习生涯，从北京大学光华管理学院到清华大学经济管理学院，从EMBA（高级管理人员工商管理硕士）到ExEd（高层管理教育），从"中国企业经营者""从历史看管理"到"全球企业家"……他几乎上遍了这两所院校经管类所有的培训课程。在这个过程中，魏存成受益匪浅，不仅形成了较为系统的知识架构体系，在他的带动下，集团员工也以学习为动力，使企业逐步成为学习型组织，这为以后集团的一系列变革及快速发展打下了良好的基础。

二、企业文化体系的形成与创建

与其他企业不同，石羊集团的企业文化兴建或许跟魏存成的从军履历有关，多年的部队生涯让他感受到文化的力量，文化的影响是潜移默化、浸入骨髓的，尽管退役多年，但军人的作风一直伴随着魏存成。鉴于自身对文化的切身体会，魏存成在企业创建之初就十分重视企业文化，他知道企业文化将会影响员工的行为，让员工通过理解企业文化来明确自己的工作标准，使个人目标与企业发展目标相一致，将会大大降低人力培训成本。长年扎根于此的员工曾自嘲道，自己走路都带有"石羊气质"，他们自称为"石羊人"，石羊集团的企业文化已经深深地渗透于员工的言行之中。

2000年，魏存成将想法付诸行动。石羊集团专门聘请国内知名策划公司，设计、制定企业文化体系（详见附录），以"提供绿色产品，共创美好生活"为企业使命，以"让生活更美好，让人生更精彩"为企业愿景，从企业宗旨、企业精神、企业理念、企业作风、企业核心价值观等多维度进行企业形象定位。在外，用统一文化标识宣传企业理念、产品品牌，树立企业形象；在内，密切联系生产经营实际，结合服务区域对象，号召广大员工在工作岗位上"勇当领头羊"；在质控方面，牢牢把握"不合格原料不进厂，不合格产品不出厂"的原则，在生产、科研、服务、营销、后勤、管理等企业各个层面做到"紧贴市场早半步"；在供给方面，为市场、用户、农民兄弟"提供绿色产品"，用先进的企业文化构建良好的生态环境，从而实现"提供绿色产品，共创美好生活"的企业使命。

2005年，魏存成在集团内部全面推行国际先进的6S①管理经验，按照6S管理模式对企业经济资源、管理资源、市场资源、文化资源等进行战略资源整合，使企业制度体系建设更加规范。在这次整合中，石羊集团进一步细化了岗位工作指导书，丰富了企业文化内涵，把企业的每一项工作落实到岗位，让员工明确岗位职责，有制度可依，为企业愿景"让生活更美好，让人生更精彩"提供实践的依据。

"精细化管理、精益化经营"使石羊人把共创美好生活与推动社会进步有机地联系在一起，由于涉及的是民生产品，全体员工深知自己的责任，每一个石羊人的背后影响的是无数个家庭。在企业文化体系及激励机制的双重影响下，在企业内部，勇于创新、敢走前人没有走过的路的人多了；勇于拼搏、能承担他人未曾经历的艰辛的人多了；勇于负责、尽职尽责做好每一件事的人多了；勇于超越、愿为团队发展挑战自我的人多了。经过员工们的奋力拼搏，石羊集团2019年再创佳绩，全年实现销售收入87.6亿元，纳税2.16亿元；生产、销售食用油40万吨；规划建设存栏母猪8万头、年出栏育肥猪200万头；加工分割猪肉20万余吨；压榨油料（油菜籽、大豆）150万吨；生产加工饲料100万吨……石羊集团为市面上提供的食用油、猪肉均为绿色产品，保证消费者吃上安全、营养、美味的食品。

三、创新性商业模式下的真情帮扶

在生猪养殖方面，石羊集团有其独到之处。石羊集团先做前端，做饲料和育种，后端做食品，包括屠宰加工、物流配送、终端门店等。相对而言，石羊集团有前端的基础，因此，在提出大农业、大食品发展战略时，石羊集团已把农业前端最难的这一块基础性环节做完，再做食品就容易很多。为了让消费者吃得放心、安心，石羊集团把肉食品打造成全产业链、

---

① 6S即整理（SEIRI）、整顿（SEITON）、清扫（SEISO）、清洁（SEIKETSU）、素养（SHITSUKE）、安全（SECURITY）。

全程可追溯的食品,并在商业模式上有所创新。石羊集团的商业模式是以"公司+家庭农场"形式形成产业带动,以分散养殖模式扶持众多农户。在这两种模式下,石羊集团提出"217130模式":2个公猪站、1个300头祖代场、7个6 000头父母代场、100栋标准化家庭农场、30万亩种养结合基地,最后实现0排放。石羊集团的两种创新性商业模式不仅促进了其自身产业链的发展,更为重要的是它有效地结合了扶贫项目和政府倡导的项目,并与企业自身发展相融合,带动农村农户的发展。

在农畜产品这条产业链上,石羊集团用"从田园到餐桌"的理念来控制整条产业链。为了使成本最优化,目前石羊集团有的环节选择自营,有的环节选择与他人合作。例如肉类产品的品种、饲料、防疫和屠宰由石羊集团自身控制,养殖环节交给农户,待仔猪长成商品猪后石羊集团从养殖者手中回收。双方签订《代养合同》确保农户合理的利润,让当地的养殖户从中受益。2015年,魏存成在蒲城县罕井镇走访时走进了农户李明才家。李明才家中父母年迈,且患有慢性老年疾病,不能从事日常劳作。李明才的孩子,一个上高中,一个读初中,他无法外出务工,全家仅靠几亩田地维持生计。魏存成建议他产业脱贫,将他纳入"公司+家庭农场"合作模式,集团负责修整养殖场地。养殖第一年,李明才家收入2万余元。在魏存成的带领下,石羊团队推广"公司+家庭农场""公司+基地+贫困户"的合作模式,受益农户达2万家左右。石羊集团的商业模式既拓展了养殖范围,促进了农户增收,又确保了绿色、安全食品的源头供给。魏存成说:"我们是从农村成长起来的企业,产业也跟'三农'有关,所以我的个人素质、商业眼界都不如其他人,但我们愿意努力,我们愿意奉献自己最大的力量。"

四、产业链条间的质量把控

饮水思源,石羊集团在二十余年的发展过程中,始终没有忘记自己的社会责任。在完成供应链整合之后，石羊集团把更多的精力用于延长产业链，聚焦食品的战略转型。无论做什么，石羊集团始终没有忘记社会责任，"提供绿色食品，共创美好生活"，食品的安全和健康是石羊集团最关注的。

农牧业是规模型的产业，薄利多销，起步阶段石羊集团只注重技术和规模，后来认识到仅靠规模难以保证质量。特别是食品行业，比如肉类产品，如果不做养殖、疫情防治和管理，以及饲料配方和配送等，很难保障食品的安全和健康。因此，石羊集团特别重视整个链条的生产管理。养殖上，石羊集团把仔猪交给农户，由农户代养，仔猪的分散养殖不仅能有效避开猪瘟侵袭，还能为养殖户带来不错的收益。在行情不好的时候，石羊集团依然信守承诺，从农户手中赔本收猪。因此，为石羊集团养猪，成为当地农户稳定的经济收入来源。至于品种、饲料、防疫和屠宰，石羊集团严格按照种猪生产管理标准作业程序，丝毫不敢懈怠。石羊集团经营种猪业务已有十四五年，年年亏损，但是集团牢记己任，依旧没有放弃这块业务。魏存成曾说过，种猪业务涉及品种的改良，如果自己不做，小企业更无法做，那么以后种猪就很难改良，这关乎未来民生问题。饲料的好坏直接影响种猪的成长，然而饲料由于受农作物的影响价格波动较大，为了保证饲料品质、稳定饲料的价格以及确保众多养殖户的利益，石羊集团决定自己经营饲料。在防疫上，石羊集团对猪场严格把控。不仅内部管理有一套完整的流程，而且外部的出入也有一套严格的流程。猪场外的人员想进入猪场，必须先到指定的桑拿中心进行全身沐浴消毒，然后换上由猪场管理人员提供的衣服，由消毒过的专车负责送到猪场隔离点，在隔离点还要再次洗浴，门口有洗澡通道，把衣服换下来，走过洗澡通道后再换一身新衣服，然后正式进入隔离区。隔离区里面生活设施齐全，有食堂、有娱乐区域，隔离期大约两天，两天之后再由专车拉到猪场门口。到达猪场后，先进入接待室等候检测，用纱布蘸盐水擦拭头发、手、衣服、耳朵、鼻孔、鞋底，然后把纱布送到化验室化验，如果没有病毒，在猪场门口再次洗澡，之前在隔离点穿的衣服就被换掉了。洗完澡之后再次换身衣服进入猪场的内管区，这一过程大约 3 天时间，历经 3 次洗澡。这个过程之所以这么烦琐，源于猪瘟来势凶猛，要么是 0，要么是 100%。为了防止病毒侵入，石羊集团对每一个环节都进行严密监控，比如饲料运送过程同样有严密的监控。由哪辆车配送、车由哪个司机开都是固定的，每辆车都装有 GPS（全球定位系统），因此车辆行驶到什么位置，在哪吃饭都一目了然。为了防止运输途中出现意外，饲料在装车后，车门就贴上封条，待车辆到达养殖场外围时，对大卡车进行消毒。卡车消毒时间长，先经过 4 个小时的车辆清洗，用高压水枪从车顶到车厢、底盘、轮胎全部清洗之后，再开始上泡沫，泡沫冲掉之后上消毒液，冲洗之后按照这个流程再重新来一遍，如此两遍清洗之后，工作人员把车开到烘干房内，密闭之后进行 70 多摄氏度的高温消毒烘干，整个洗消过程持续 8 个多小时。从猪场外围到猪场有一条饲料路，烘干之后从这条路再到猪场里面的洗消点，将底盘和轮子再次清洗消毒，然后饲料通过设备打进去，这个过程全部自动化，司机全程不用下车。

石羊集团在养猪过程中的严格把控，使猪场得到可持续发展的同时，有效地保障了肉产品食材的安全性。

五、竞争环境下的企业社区经营

团队成员不仅是企业的核心要素，同样也是社会的一分子，关爱员工，不仅要关爱员工个人，还要关爱员工背后的大家庭。石羊集团对员工的关爱体现在方方面面。俗话说"安居乐业"，有了稳定的住所员工才能安心工作，石羊集团在企业自身开发建设的商品房项目中优先为员工预留内部房源，为员工提供稳定的住所；为员工提供完善的社保及福利，在办公区域建设员工阅读室、健身房，丰富员工业余生活；对于生活有困难的员工，石羊集团爱心基金会及时提供帮助。石羊集团下属二级单位邦淇公司员工樊春勇，其母亲患有严重的帕金森综合征，家中还有两个上学的孩子，家庭全部支出均由他一人承担，经济困难。石羊集团爱心基金在了解情况后，第一时间送去 5 000 元爱心基金，在提供资金帮助的同时还进行精神鼓励，增加其对生活的信心。

为了免除员工们的后顾之忧，石羊集团还为家境困难员工的孩子提供助学金。石羊集团爱心基金多年来为数百名困难员工子女提供助学金，助力他们实现大学梦，用知识改变命运，回馈社会。

对于即将到龄退休的老员工，石羊集团同样以诚待之，很有仪式感地为他们举办座谈会。一个即将退休的基层员工发自肺腑地说，自己从来没有到过总部，在退休时被总部关怀，感觉像是被请进了中南海。在座谈会上，大家感触良多，听着基层员工的肺腑之言，高管们也从中体会到人文关怀的重要性。

已经退休的员工，石羊集团依然没有忘记。在重阳节来临之际，石羊集团开展"情系重阳感恩有您"退休员工慰问活动，向他们致以节日的问候和诚挚的祝福，集团工作人员来到临潼、蒲城等地退休员工家中，给他们送上石羊安心肉和长安花菜籽油。工作人员详细询问了大家退休后的生活状况，并表示虽然大家退休了，但集团依然关注着退休员工们，希望大家每天都过得充实而快乐、享受幸福的晚年生活。"作为集团首批光荣退休员工，高兴得半晚上睡不着。这次重阳节又受到领导慰问，作为石羊人真的很自豪。"退休员工党海峰说。

除了自己的员工，对家乡父老以及贫困地区，石羊集团也给予支持和厚爱。自 1993 年起，心怀感恩的魏存成便不间断地奉献着他的爱心，包括参与汶川抗震救灾、修建希望小学、向社会各界进行爱心捐款捐物等。1994 年，石羊集团出资 20 万元并组织人力为东陈镇修建了一条高标准排洪沟；1998 年，向灾区捐赠价值 15 万元的食用油；2000 年，石羊集团捐资百余万元修建了东陈镇第一所希望小学；2003 年，石羊集团为陕西渭南水灾灾区捐款捐物 12 万元；2003—2006 年，石羊集团连续为渭南地区的贫困大学生捐款逾 30 万元；2007 年，石羊集团出资 150 余万元帮助当地农户建设畜舍，扶持畜牧养殖业发展；2008 年，石羊集团出资 50 余万元帮助陕西白于山区缺水农户修建水窖，解决农民的基本生活问题；汶川大地震后，石羊集团向灾区人民伸出友爱之手，捐款捐物达 40 余万元；2012 年，魏存成发起成立"石羊集团爱心基金"，每年带头进行爱心捐赠，专资扶弱扶贫；2020 年年初，新冠疫情暴发，石羊集团第一时间捐款捐物 300 余万元。

"一桶油、一块肉、一辈子。"这是魏存成信奉的良心工程，用一辈子来做好绿色、生态食品，是魏存成为企业确立的长远目标，也是保证食品从源头到餐桌安全可靠的企业良心。为了给客户提供优质的产品和服务，石羊集团除了在产品方面做到极致，还在客户资金困难时提供资金扶持，每年为客户提供 5 000 万元以上的低息贷款或信用担保；为了让客户更好地养殖种猪，石羊集团免费为客户提供 3~5 次专业知识培训，提高客户的养殖技能，为客户提供有效的解决方案，与客户共同成长；为了表达对优质客户的感谢，石羊集团每年对优质客户进行表彰奖励，兑现返利；为了让客户与集团共同成长，石羊集团每年慰问 100 个以上的客户家庭，并为客户子女创造就业机会，同时结合上下游资源，为客户创造更高的价值。

上述汇聚爱心、扶困救急的举措，显示了石羊人对待员工、对待产品、对待客户、对待生态圈的所有人，都坚持爱心的行为准则，与大家共同成长，体现了龙头企业应有的社会责任与担当。尤其在 2008 年，中国乳制品企业经历了"三聚氰胺"事件的冲击，人们至今还在恢复对中国品牌奶粉的信任；2011 年，双汇爆发"瘦肉精"事件，重创了包括双汇在内众多冷鲜肉品牌，导致生猪肉行业萎靡；2012 年，"毒胶囊"事件在街头巷尾引发热议，使人们产生恐慌心理……企业社会责任缺失成为导致这一系列问题的根源。石羊集团充分认识到这一点，在做农畜产品之初，便在企业文化体系中植入责任感的理念，从未因企业社会责任缺失造成质量问题，从而为企业赢得可持续发展的竞争优势。

六、新时期的挑战与展望

"勇当领头羊,开创美好未来",面对全球经济一体化和西部大开发带来的众多机遇和挑战,从公司到产业,再到所有子公司,石羊集团将结合企业未来发展战略,从人力资源层面解决"人"的问题,使职业化、专业化的匹配程度达到行业内的较高水平。产品要做到极致,无论是产品研发体系,还是质量管理体系、生产体系,石羊集团都要做出令消费者满意、放心的产品。

未来,石羊集团将聚焦于"一头猪、一块肉",在现有的500万头生猪"云养殖"体系下,建立多座现代化种猪场,形成全产业链生猪体系,确保生鲜肉食品全程可控可追,在实现科技养殖的同时,控制好源头,保证食材的品质,从而使战略性企业社会责任落到实处。然而,目前石羊集团与行业内明星企业的差距在于技术创新欠佳,如何通过核心技术竞争力吸引高端人才,打造西北区域技术领先地位及高端技术人才的汇聚地,将关乎石羊集团未来能走多远;面临产业升级以及消费终端的变化,石羊集团如何使技术创新和商业模式创新很好地融合,提升消费者的体验感,将关乎石羊集团的盈利能力;在战略性区域拓展上,石羊集团必须走出陕西,它又该如何把陕西地区的社区经营模式扩大到更广阔的经营区域范围?这一切,都是石羊集团不得不面对的挑战。面对挑战,石羊集团会交出怎样的答卷?我们拭目以待……

附录:石羊集团企业文化体系诠释

一、核心价值观

爱心:要体现责任与担当。

爱心是责任、担当、信仰、敬畏、感恩的汇聚,石羊人对待客户、对待产品、对待同事、对待生态圈的所有人,都应坚持爱心的行为准则。

诚信：要体现契约精神与自律。

诚信意味着要有契约精神，遵守制度、遵守规则、严格自律，是做人的基本要求，也是人格的体现。石羊人应坚守诚信做人的基本准则，以诚信推动企业和社会的发展。

匠心：要体现细心与用心。

匠心就是对工作、对每一件事都要精益求精，追求极致，并要做到细心、用心、虚心、恒心、专注聚焦及踏实执行。

创新：要体现不断学习与变革精神。

创新意味着要经常看到自己的不足、要持续不断地学习，石羊人应善于总结，在过去的基础上勇于变革、挖掘潜力，不断完善自我、追求卓越。

品质：要体现专注与聚焦。

品质意味着要追求质量而非规模，要追求产品品质，能够给客户带来价值，始终坚持品质第一理念。

效率：要体现人均贡献和投资回报率。

效率就是企业能够生存下去的根本要求，就是我们提出的人均贡献率、投资回报率，只有坚持效率才能回报员工、社会、国家，才能实现产业报国。

企业客户观：客户满意才算合格。

以客户为中心的经营理念，以消费者需求为导向。

企业人才观：以德为先、因才适用，敬业为本、团队获胜。

石羊集团在选人上首先考察品德，注重人的德行；在用人上根据每个人的特质、专长，把合适的人用到合适的岗位上，做到人岗匹配。

敬业是石羊集团创业的根本，是石羊人需一直坚守的本分，也是石羊集团未来发展的立足之本；石羊集团注重团队合作，任何个人的力量都是有限的，只有充分依靠并发挥团队的力量，才能在市场上取胜、创造卓越的业绩。

企业产品观：安全、营养、美味。

安全是产品和服务质量的最基本要求，是永远不能越过的生命红线。石羊集团通过建立完善的全产业链及质量追溯体系，坚持做到产品质量的绝对安全保障，对消费者的生命负责。

营养是产品高品质内涵的体现，石羊集团坚持关注消费者对产品的品质诉求，力求通过科学的技术研发手段，不断挖掘和改进产品的品质，把营养健康的产品回报给每个消费者。

美味是产品形象及感受的体现，是产品为消费者带来直接感受的反映。石羊集团将不断从客户需求出发，优化产品生产，为消费者创造美味的生活体验。

二、企业使命

"**提供绿色产品，共创美好生活**"是石羊集团永远坚持去做的伟大事业。绿色产品、美好生活，是当今社会人们的普遍追求和共同愿望。石羊集团将终生致力于提供安全、营养、美味的产品和优质服务，在行业内倡导绿色理念、捍卫道德红线，对社会、对公众负责，做一个有良知的企业公民。石羊集团力求通过绿色的产品和服务，提升员工、客户、消费者的生活品质，并与生态圈的所有伙伴携手共创美好生活。

三、企业愿景

"**让生活更美好，让人生更精彩**"是石羊集团成就事业、完成使命的美好憧憬。石羊集团在引领行业发展、铸造百年品牌的过程中，将会帮助更多的员工安居乐业、实现梦想与自我价值，也会不断带动行业、上下游以及所有合作伙伴共同发展。石羊集团期望通过不懈的努力，让生态圈所有人的生活变得更美好，人生变得更精彩！

四、企业精神

"**勇当领头羊**"是石羊人多年来沉淀的精神品质。它要求石羊人永立时代潮头，争做行业"群羊"中的"头羊"，引领行业的发展，在破解"三农"难题、振兴地方经济中建功立业。

同时，这也体现了石羊人勇于创新，敢于走前人没有走过的路；勇于拼搏，能承担他人未曾经历的艰辛；勇于负责，尽职尽责做好每一件事情；勇于超越，愿为团队发展挑战自我。

五、企业格言

"要经常看到自己的不足,看到自己的危机,看到自己的责任"是石羊集团使命、愿景以及价值观的浓缩,体现了石羊人永不安于现状、勇当领头羊的精神;时刻提醒着每一个石羊人居安思危,要不断地学习、创新、进步,要始终跟上时代发展的潮流;鞭策着每一个石羊人坚守自己的使命和责任,勇于承担,为实现企业的宏伟目标而奋斗终生。

六、企业目标

科技领先: 科技是第一生产力,我们要应用适合企业的、最先进的技术工具、方法、手段。

品质领先: 只有比别人做得好才能生存下去,而品质就是我们生存的基础。

效率领先: 效率就是要注重人均贡献率、投资回报率,唯有高效率才能回报国家、社会、员工,才能实现产业报国。

文化领先: 只有建立好的文化,才能铸就好的企业,才能传承与发展。

快手行动:"算法向善"的组织实践

张闫龙、徐菁、袁慰

创作者说

本案例描述了北京快手科技有限公司(以下简称"快手")在发展中对企业社会责任(Corporate Social Responsibility,CSR)认识的逐步深化,以及其在体系构建和实施过程中遇到的挑战。随着平台影响力的提升,快手认识到作为内容传播平台,有责任促进积极健康的网络文化,尤其是保护青少年的网络环境。通过不断的探索与实践,快手建立了以"幸福乡村""幸福成长""幸福伙伴"为核心的CSR战略项目。

在这一过程中,快手面临诸多挑战,包括在迅速变化的业务环境中如何定位并整合CSR战略、统一不同层级对CSR战略的认知、协调不同部门间的利益,以及在追求经济效益的同时如何履行社会责任。

快手在CSR领域的实践为互联网行业提供了重要的借鉴,展示了企业在发展过程中可能面临的社会风险,以及如何基于对自身能力的认知和利益相关方的诉求,寻找并实施战略性社会责任项目。此外,本案例也揭示了在一家高成长性公司中,企业社会责任管理所面临的挑战和困境,为其他企业提供了宝贵的参考和启示。

2020年5月,新冠疫情逐渐缓和,百业待兴。

快手CSR团队负责人常宇(化名)刚刚收到公司内部邮件,CSR团队

---

* 本案例纳入北京大学管理案例库的时间为2020年8月16日。

年度绩效评估结果为"中等"。

案头摆着团队刚刚完成的《2019快手企业社会责任报告》,这是快手的第二份企业社会责任报告,受到业界的一致关注和好评。而常宇本人也代表快手在多个场合阐述快手的公益理念。2020年年初,新冠疫情期间,团队成员被困各地,但仍通过网络协作,开展了一系列的公益活动,其中,"寻谣计划"等新项目广受社会关注。

外部的肯定和好评使得常宇团队对于CSR部门的绩效评价有更高的期望。然而业绩评估的结果令常宇陷入沉思。

一、快手的创立与发展

2011年,文字和图片还是网络社交媒体互动的主要载体,可以进行动作演示的GIF图片是当时网络潮人所喜爱的表达方式。程一笑和他的团队看到了这一商机,开发了一款制作和分享GIF图片的工具,叫作"GIFquickhands",一度被众多网民追捧。2013年7月,"GIFquickhands"决定从一款工具转变成一个短视频社区。在这一变革时期,程一笑遇到了宿华,两人理念相同一拍即合。2013年年底,宿华正式加入"GIFquickhands"。程一笑作为公司的首席产品官专注于技术研发。拥有大型互联网企业和人工智能算法研发经验的宿华则出任公司的首席执行官,这让两人的配合相得益彰。

2014年11月,考虑到"GIFquickhands"已经与实际业务不符,App(应用程序)正式更名为"快手",开始朝着短视频社区的方向前进。与此同时,智能手机等移动终端的普及和移动流量成本的下降,使得中国的短视频行业出现了井喷式增长。快手也乘此东风迅速发展,成为中国屈指可数的短视频社交平台之一。截至2019年年底,快手拥有3亿日活用户,日均上传2 000万条内容,库存短视频数量超过200亿条。

（一）快手的初心：公平普惠，算法向善

快手成立之初，创始人程一笑在公司内部倡导"人人平等"的价值观，这为日后快手视频推荐算法上的"普惠、平衡"原则埋下了种子。关于快手的核心价值观，宿华说过，"注意力资源是互联网的核心资源，我们希望它像阳光一样洒到更多的人身上，而不仅仅像聚光灯一样聚到少数人身上，哪怕降低一些效率，降低一些消费者观看的效率"[1]。

宿华希望快手这个产品可以提升每个人独特的幸福感。他经常跟同事们回忆自己小的时候，在湖南湘西一个土家小山寨，那时村里还没有路灯。所以，那时候的幸福感源于有明亮月光的晚上，因为有光就能玩儿。而现在，他故乡的村子里不仅有了路灯，而且村民都用上了快手，向世人直播他们的日常。这既是宿华现在心中的幸福感，也是他理解的"普惠公益"。

在快手的平台上，充斥着各色各样的普通人。你可以看到富士康的厂里有像样的市场和户外运动场，员工的生活环境与网络文章中描述的"暗无天日"相差甚远；也可以看到驻守祖国边疆的海军官兵的日常，他们肩负着保卫祖国的重任，常年不靠岸的生活虽然很辛苦，但是可以徜徉在壮美的海景之中，这就是他们选择的生活方式；还可以看到殡仪馆的灵车司机分享着他与众不同的生活日常；等等。一般来说，他们算不上互联网社交平台上的主流人群，但是在快手平台上他们被众多的粉丝关注。他们在快手平台上可以充分表达自己的所思所感，而粉丝们的好奇心与热情也帮助他们消除孤独感，从而获得生活带来的乐趣和意义。除此之外，在快手的内容社区还衍生出了招聘、电商、物品的交易等众多功能，帮助这些普通人获得生活上和经济上的改善。

（二）快手的品牌基因

"普惠" 经过无数次迭代的快手始终保持首页只有3个栏目：关注、发现、同城。程一笑表示，如果功能设计过于复杂，只有1%的用户才会用，这不是快手的目标。他希望无论学历高低、年龄大小的用户都能轻松

上手。因此，快手通过渐进式的设计，让新用户先能快速上手，进行视频拍摄、编辑与发布，然后随着用户兴趣的日益浓厚逐步加强对 App 功能的探索和使用。此外，快手通过技术研发，把通常需要占用手机内存很大资源量的算法压缩到最小，使得用千元以内的手机也能够顺利地运行。

"平衡"　　快手上的视频内容可谓包罗万象，五花八门。这是因为公司创始人并不希望通过算法和规则过于干涉用户的喜好，而是让用户己来决定什么内容能"火"。相比之下，许多社交平台为了吸引流量，主要策略是在自己的平台上打造"爆款"主播，引导用户观看。快手自始至终秉持着"平衡"的原则，不想有任何资源倾斜。即使有特别好的视频，浏览量达到一定的数量级，快手也不会倾斜资源将这个视频或主播刻意打造成一个爆款。

"克制"　　快手并没有对视频内容有具体的限定和倾向，而是通过算法来执行"克制"的视频推荐。快手的视频推荐算法是依照基尼系数的原理中"贫富区域平衡趋缓的一条曲线"来打造社区机制，从而实现内容的多样性。通过这样的算法设置，快手头部视频的流量不超过总流量的 30%，做到真正惠及长尾用户，保持社区的初心和活力。

二、快手的核心业务及商业模式

快手的用户群分布与中国互联网网民的地域分布高度吻合，10% 左右的用户来自一线城市，50% 以上多来自二、三线城市，剩余来自四线及以下的城市。

快手走的是"简单、普惠"免费的 C 端模式，即为用户提供视频上传和观看的免费社交平台，同时用户对于其感兴趣的用户或视频有"关注、私信、送礼物"等鼓励支持的方式。视频内容成为内容生产者和观看者的纽带。快手的产品模式见下页图 1。

快手在 2015 年 6 月突破 1 亿用户，随后开启了商业化之路。主要通过引入广告、粉丝头条、直播等功能增加平台变现的渠道。其中，广告业务并不是快手的重头戏。其背后的原因是快手的"克制"原则。快手并没有在

App 进入欢迎页等优势位置广置植入广告，而是选择了很隐蔽的 feed 流①广告，如果没注意到灰度标签或者不点开看的话，很难发现这是一条广告。

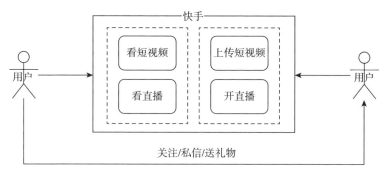

图 1　快手的产品模式

资料来源：青瓜传媒．快手 APP 产品分析报告：绝不流于形式［EB/OL］．（2017-06-23）［2024-12-23］．http：//www.opp2.com/46292.html.

与广告收入相比，粉丝头条则是一个具有优势的变现入口。这个功能是用户支付一定的费用后，就可以将自己的短视频作品在其粉丝的"关注"视频流中置顶，同时再推送到一定数量用户的"发现"视频流中。这个附加功能深受希望获得曝光度的用户欢迎。

2016 年被称为"直播元年"，彼时快手总用户数突破 3 亿人。面对大小视频平台纷纷涌入直播的风口，快手也在这个时点增加了直播功能。直播变现是粉丝为主播赠送礼物，主播获得礼物收入的同时平台抽取一定的分成。直播功能的出现，解决了广告变现持续性差、受监管限制和面对挑剔的用户反馈等问题。平台的网红们在支付一定的平台费用后，既可以通过直播展示自我，又可以"带货"变现，因此一下子得到许多网红的拥护。

2019 年，快手开发了一个语音评论的功能，可以实时将观众的语音评论转换成文字，提升沟通效率、营造沟通氛围。这样一个小小的功能，会无形中使得文化程度比较低、处于比较偏远地区的用户更加受益，他们可能不熟悉打字、说普通话，有了这项功能就可以直接用家乡话与直播间的主播沟通。[2]

---

①　feed 流是根据用户兴趣、行为或关注，实时或定期更新的个性化内容流。——编者注

三、短视频行业背景与竞争对手

在快节奏的生活方式下,移动互联网时代的传媒行业由精致低频的娱乐方式不断向满足社交性且高频的方式转化。其中,时长在5分钟以内的短视频,以其直观的表现形式、多样的内容和极强的互动感很快被大众所接受,并迅速成为社交、资讯、营销等领域展现内容的首选方式。"短视频"也成为社交媒体上此类视频的代名词。

2016年,中国短视频行业开始迅速增长。那一年出现了"papi酱"这一千万粉丝量级的流量明星。2017年,短视频总播放量以平均每月10%的速度爆炸式增长。[3]2018年,以快手、抖音等为代表的短视频平台迅速崛起,引得百度、新浪、腾讯、阿里巴巴等互联网巨头纷纷入局,伴随着资本和流量疯狂涌入,短视频行业迎来一波迅速扩张。

艾媒咨询(iMedia Research)的数据显示,中国短视频用户规模2018年已达5.01亿人,增长率为107.0%(见图2)。艾媒咨询分析师认为,短视频发展势头迅猛,随着5G商用的进一步落地和高科技的应用,短视频行业将迎来新一轮的创新竞争。

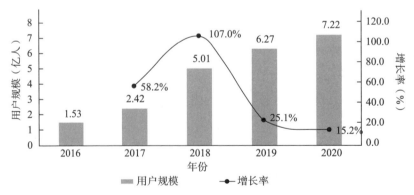

图2 2016—2020年中国短视频用户规模及预测

资料来源:新知榜.艾媒报告丨2018-2019中国短视频行业专题调查分析报告[EB/OL].(2019-02-11)[2024-12-23]. https://www.sohu.com/a/293990109_483293?scm=1002.0.0.0.

四、2018 年整改事件

2016 年 4 月，X 博士的一篇阅读量 10 万+的文章《残酷底层物语：一个视频软件的中国农村》，将快手推上了舆论的风口浪尖。文中列举了快手中种种自虐、低俗的视频，认为这是现在中国农村乱象的集结地。

按照快手红人"搬砖小伟"的说法，能上快手热门的，第一种是搞笑段子，第二种是美女视频，第三种就是自虐视频。正因为上热门的是这些形形色色的视频，使得很多人，尤其是大城市的人群给快手打上了"又土又低端"的标签。对此，宿华也很无奈，因为那毕竟是在"平衡"算法下的用户选择。但是，2018 年"低龄妈妈"等消极视频风波的出现，使得快手不得不直面"平衡"算法背后的缺陷。

2018 年 4 月 1 日，央视《新闻直播间》节目指出，快手和火山短视频等视频平台有未成年孕妇、未成年妈妈主播等，她们把低龄怀孕、低龄未婚生子等问题当成荣耀，进行话题炒作。该节目表示，早婚早育现象在中国部分经济欠发达地区虽一直存在，但平台将这些现象推送到大众面前，严重影响了少年儿童的价值观。《新闻直播间》就此质问短视频平台底线何在。

2018 年 4 月 3 日，宿华发表《接受批评，重整前行》一文。他在文中郑重地向公众道歉，称快手在一定程度上偏离了原来的发展方向，"社区运行用到的算法是有价值观的，因为算法的背后是人，算法的价值观就是人的价值观，算法的缺陷是价值观上的缺陷"。

快手当即查删了数百个以低龄怀孕进行炒作的视频，对个别影响恶劣的账号直接封号。为杜绝此类事件发生，快手在搜索入口进行拦截，增补了审核规则，并升级人工智能识别系统。如果发现用户上传相关内容，立即处理上传账号，严重者直接封禁。同时，快手在社区内成立未成年未婚早育危害宣传委员会，帮助平台上的年轻人树立正确的婚恋观和价值观。

五、监管在继续

2019年年初,中国网络视听节目服务协会颁布了《网络短视频平台管理规范》和《网络短视频内容审核标准细则》。《网络短视频内容审核标准细则》中列出了100条被禁止的内容,一方面指出短视频行业存在的问题,另一方面要求行业增强自律意识,预示着今后行业监管的力度将会不断加大。[4]

宿华回想2011年的时候,凭借着对"视频"社交的直觉,快手转型为短视频平台。一路走来,快手已经成为中国最具影响力的短视频平台之一。在这个新的高度上,快手更需要对用户、对行业负责,并承担起一家大企业的责任。一系列的整改事件加速了快手在企业CSR实操层面的落地。快手决定在原有的品牌部下设企业社会责任创新部。2018年7月,常宇从美国回到北京,随后加入快手企业社会责任创新部,快手自此正式开启了在公益上的探索之路。

六、快手CSR的变迁

2016年之前,快手内部并没有明确的职能部门划分。公司日常运营基本是以产品项目、数据、用户反馈等项目制的模式进行决策和执行。为了重塑品牌形象,2016年,快手内部整体进行职能部门建设时,成立了品牌部、公关部等部门。

最初快手寄希望于传统的广告投放、综艺节目等思路来提升公司品牌形象。但是,在一些外部的合作中,团队发现快手平台上有很多来自底层非常接地气、朴素的中国人,他们身上的质朴和善良正是快手希望被广大用户看见的,他们代表着快手的基因和形象。因此,快手品牌部认为此类内容可以成为CSR的切入点。

（一）快手行动

常宇入职以后，便积极思考在快手现有的业务框架下，确定 CSR 的发力方向。在快手，企业社会责任创新部由品牌部主管，提升品牌的知名度和美誉度是品牌部主要的 OKR（Objective and Key Result，即目标与关键成果法）。为了得到内部支持，CSR 业务必须有助于品牌部更好地完成 OKR。因此，常宇决定通过 CSR 放大品牌价值，并将此作为衡量社会投资回报的唯一标准。为此，她构建了"快手行动"品牌，也以它作为自己部门的对外品牌。快手行动主要由以"幸福乡村、幸福成长、幸福伙伴"为主题的三大战略组成。

1. 幸福乡村战略

十八大以来，"精准扶贫"的号召深入各行各业。快手作为有着 3 亿日活用户的国民短视频平台，在乡村地区具有很强的渗透力和影响力，也形成了具有强社交属性的"老铁文化"。这些都是快手扶贫的天然优势。

自 2018 年起，快手开始系统地开展扶贫项目，次年正式成立"快手扶贫"办公室，从电商扶贫、教育扶贫、旅游扶贫、生态扶贫等方向，探索"短视频、直播＋扶贫"的新模式，逐步开展"幸福乡村战略""打开快手·发现美丽中国""点亮百县联盟""快手大学扶贫培训""福苗电商扶贫计划"等战略项目，发掘广袤乡村的无限潜能，为脱贫攻坚和乡村振兴注入新活力。2019 年，中国超过 2 200 万人从快手平台获得了收入。其中，来自贫困地区的近 500 万用户在中国 832 个国家级贫困县，每 5 人中就有 1 个活跃快手用户。

2. 幸福成长战略

2018 年年初，快手受到"低龄怀孕妈妈视频"事件的影响，在 4 月份进行了全体整改。鉴于青少年触网年龄走低，快手设立了针对青少年的幸福成长战略，以"防御性"为主要目标，通过立体防范机制、主动关怀、寓教于乐的引导机制，希望与监护人、社会各界一起不断推进和完善未成年人保护工作，持续守护未成年人健康成长。常宇和团队逐步探索在未成年人保护项目上的"进取性",设计青少年教育和青少年友好的内容。

从技术上,快手设立未成年人保护网络规则,并上线"家长控制模式",使家长可以对未成年子女观看视频内容、使用快手功能权限进行限制。快手也因此成为首个提供未成年人权益专项保护短视频产品的互联网短视频企业。

2018年5月30日,快手携手中国青少年发展基金会成立了"快手科技青少年幸福成长公益基金"。基金旨在依托快手的技术、社区优势,发挥中国青少年发展基金会的专业优势、创新能力,进一步提升中国欠发达地区未成年人网络安全意识与自我保护能力,推动建立网络内容分级标准,搭建未成年人网络保护体系。接下来的5年,快手向该公益基金持续投入1 000万元。

除此之外,快手还发起"快手百科全书计划",与专业科普机构、青少年教育机构合作,利用快手产品与社区优势赋能科普内容。快手联合英国老牌电子音乐节品牌Creamfields一同举办"因爱无惧"公益电音节,将门票收入的20%捐赠给壹基金音乐教室公益项目。

3. 幸福伙伴战略

幸福伙伴战略通过快手的平台和技术赋能社会公益行为,通过与公益组织合作,帮助组织和个人更好地开展公益志愿活动,见图3。

图3 快手上的公益社区闭环

资料来源:快手常宇团队。

截至2019年12月,共有30家幸福伙伴入驻快手,涉及教育公平、救灾减灾、罕见病/大病救助、公益倡导等公益领域。

例如,玛薇少儿艺术团是四川大凉山地区的一家社工机构运营的快手号。这家社工机构除了通过社会捐赠承担艺术团里孩子们的上学费用，还聘请专业老师来教授孩子们彝族民歌和童谣，帮助孩子成长，塑造健康人格。2018年9月，在"快手行动"的邀请下，这家社工机构找了一位专职老师来进行视频拍摄和运营快手号，现在已经有将近10万粉丝。在快手的粉丝眼中，这些孩子颠覆了以往社会上对凉山彝族孩子总是很穷困、很悲惨的刻板印象，展示了他们在原生环境里的快乐和对当地文化的认同与传承，也成为众多在外地生活、打拼的彝族人心中的精神符号。因为这个快手号的传播，当地政府也加大力度支持这家社工机构，切实地为这些孩子提供实质性的帮助。

（二）快手的公益挑战

快手上有很多由用户主导的社区。每个用户发布自己的故事，希望被更多人看到。有些在主流媒体上看似微不足道的生活，比如老人的孤独寂寞、留守儿童的健康成长、疾病的科普与抗病精神等主题，在快手的社区里都相当活跃。

然而，快手上这种自发的公益性质的活动，如何与快手的发展相辅相依？快手公益的探索才刚刚开始。宿华认为应该由专业的人做专业的事情，并给予常宇部门充分的空间与权限。但是，在实际操作中常宇和她的团队还是面临着种种挑战。

1. 情怀与业务

宿华和程一笑对于社会责任和社会公益是有充分理解的。然而，这种个人层面上的认知并没有转化成统一的、清晰的战略目标和体系。上级对基层的种种创新采取一种包容的态度，允许不同个体发挥主观能动性，大胆尝试。但由于缺乏统一的战略认知，不同层级之间往往很难达成共识。

虽然宿华很重视 CSR，但技术出身的他对于实际公益项目的选择与执行并不在行。因此，他对 CSR 给予了充分的放权。但是公益这件事怎么做，由谁来做，如何评估，公司内部也没有一个统一的说法。CSR 在公司如何定位，对公司有什么样的独特价值，是缺乏统一认知的。在这个高速成长的企业里，快速的变化是每个人都要面对的常态。领导层在变动，业务在调整，基层部门的经理和员工更是来来去去不停息。

换一个角度来说，在快手这个技术基因浓重的企业里，程序员个人对公益行动往往都有强烈的认同，因此引发普遍的公益认同并不难。CSR 小组的石东说道："一些人虽然自己愿意配合，但是公益项目的目标与自己所在部门的目标并不一定匹配，所以如果做了的话，不但不会被认可还可能被上级误解或者批评。因此有时候他们帮我们的时候都私下说，这是我们个人之间的帮助，千万别让老板知道。"

2. CSR 与 OKR

常宇汇报的对象是集团的品牌部，品牌部之上还有一位管辖多个部门的高级副总裁。常宇带领的 CSR 团队，算上自己在内一共四人。常宇负责统筹，在具体工作执行上，则实行团队制。每个项目会有一个指派的项目负责人，团队剩余的成员对其进行辅助支持。因此，常宇团队的每个人都同时要负责自己的项目并协助他人的项目。在项目确定以后，常宇就会找品牌部和其他高层协调资源和预算。

然而，对于常宇的 CSR 小组来说，自上而下撬动资源，并非长久之计。要推动一个项目，最重要的还是从部门的 OKR 层次上找到契合点，这样对方才会投入资源与 CSR 小组合作。

比如之前快手行动在进行尘肺病的科普宣传时提出的"呼吸挑战"。常宇回忆道："我们在将公司内部的链条时发现能够让用户有感知，能够让用户参与的可能就是快手的魔法表情。因为魔法表情被用户用得比较多，也是我们端内一个非常大的流量入口，我们就会问魔法表情研发部门感不感兴趣，以公益项目为主题设计一个有可能变成'爆款'的魔法表情。"最终，呼吸挑战的魔法表情符合快手内部的爆款指标要求，而"爆款"就是研发部的 OKR 之一。这次合作不仅达成了常宇团队的业务指标，也完成了设计团队的 OKR。

类似的项目 CSR 团队尝试过几次，这些经历让很多参与过项目的业务和技术部门更加重视公益项目，因为它既可以达到公益的目的，吸引用户参与，同时也有成为爆款的可能，获得 OKR 的认可。

能获得其他业务部门的认可让常宇团队后续的项目沟通成本稍稍低了一些，但公益项目的推进依旧是一事一议的模式，CSR 小组需要和不同的业务部门和团队进行谈判。最多的时候，一个项目要和二十多个不同的小组进行对接和商量。

快手内部有许多业务部门也常常感到需要做一些公益项目，于是他们也会找到 CSR 小组，希望和 CSR 小组一起推动这些想法的落实。但是遇到这种情况时，CSR 小组也特别谨慎，需要判断对方的需求是否和 CSR 部门的目标和利益相一致。否则，即使做了工作，也不会得到公司上级的认可。

不仅 CSR 团队如此，同属品牌部的其他部门也会遇到类似的困境。许多产品和业务部门有宣传和打广告的需求，但是由于它们的诉求和广告部门的有差异，因此，对方决定单干，造成的结果是整个公司对外广告没有一个统一的出口，各自为政。专业的广告部门能够控制的也仅剩比较传统的电视媒体广告，其他平面广告的宣传，业务部门自己会去做。

3. 养蛊的文化

在短视频行业飞速增长的时代，公司扩张的速度往往快于内部管理水平的提升。一位内部人士提到，为了给基层更大的灵活性，也为了保持一定的竞争压力，快手和其他许多公司一样都会有一种养蛊的文化，通过内部的厮杀，成长出最具竞争力的部门和团队。在这种情况下，分工不明确是一种常态。在快手，CSR 更多的是一个职能部门，有着清晰的业务和职能边界，业绩的好坏更多地取决于直接上级，而非其他协作部门的评价。在快手内部，有许多部门都会按照自己的理解开展具有公益属性的项目，而 CSR 团队往往并不参与其中。

尾声

肆虐全球的新冠疫情在阻断正常社交活动的同时,给短视频行业创造了又一次高速增长的机会。快手、抖音等公司的业务不但没有减缓,反而逆势增长。而对于常宇来说,自己的一系列努力似乎在这个高速发展的公司中并没有得到期望中的认可。失望之余,她突然想起来前不久一家猎头公司发来的信息。接下来,该怎么走?是继续留在快手,在新的挑战中继续证明自己,还是良禽择木而栖,实现自己的公益梦想?

参考文献

1. 快手科技创始人兼CEO宿华:注意力资源应该像阳光而非聚光灯[EB/OL].(2018-11-09)[2024-12-23].http://epaper.oeeee.com/epaper/A/html/2018-11/09/content_57505.htm.
2. 快手.2019快手企业社会责任报告[R/OL].(2020-06)[2024-12-23].https://s2-11673.kwimgs.com/kos/nlav11673/csr/2019-report.pdf.
3. 政府监管力度加大 短视频行业迎来洗牌期[EB/OL].(2018-08-21)[2024-12-23].https://baijiahao.baidu.com/s?id=1609385980600721728&wfr=spider&for=pc.
4. 短视频重监管才能长久立[EB/OL].(2019-01-15)[2020-01-05].http://www.wenming.cn/wmpl_pd/whkj/201901/t20190114_4972958.shtml.

02

绿色"双碳"

ERDOS WAY：鄂尔多斯的可持续时尚之路
徐菁、王卓

梅赛德斯-奔驰在中国"商责并举"的可持续发展
张闫龙、姜万军、齐菁

龙源碳资产管理实践
滕飞、张峥、卢瑞昌、齐菁、王卓

抵消碳足迹：诺华中国的环境责任担当
杨东宁、刘国彪、唐伟珉

ERDOS WAY：鄂尔多斯的可持续时尚之路[*]

徐菁、王卓

📖 创作者说

  随着我国"双碳"目标的提出和我国对环境治理的高度重视，可持续发展成为诸多企业的重要战略目标。越来越多的企业和品牌开始全面拥抱绿色环保的生产和产品理念。作为一家掌握着羊绒产业全产业链的企业，内蒙古鄂尔多斯资源股份有限公司（以下简称"鄂尔多斯"）于2019年以可持续时尚为核心理念推出包含无染色羊绒、可再生羊绒等技术的"善SHÀN系列"服装产品。尽管我国消费者对环保及可持续消费等理念持认同态度并表示愿意用自己的购买决策来支持绿色环保产品，但是消费者对可持续产品缺乏清晰的认知，市场上绿色可持续服装品牌也乏善可陈。摆在鄂尔多斯面前的问题是：是否可以将绿色环保作为品牌的价值主张从而确立其独特而先锋的品牌优势？中国消费者是否会对可持续服装青睐有加？如何与消费者有效地沟通绿色环保的价值主张？这些问题是本案例的讨论重点。本案例通过讲述鄂尔多斯品牌的发展历程和可持续时尚实践，希冀从消费者态度和行为的视角，帮助读者理解企业将绿色可持续发展战略落实到品牌营销策略上时所面对的机遇和挑战。

  2021年8月18日，鄂尔多斯迎来成立40周年庆典。总裁王臻女士在庆典上作了"继往开来，大有可为"的主题演讲。经过40年的发展，鄂尔多斯集团在羊绒产业和电冶产业上成为世界第一，还造就了知名时尚品牌

---

[*] 本案例纳入北京大学管理案例库的时间为2023年2月22日。

鄂尔多斯。

王臻讲道:"企业未来的目标是将鄂尔多斯发展成为有持续创造力、长期竞争力、行业领导力和社会影响力的百年强企。要继续走好绿色循环和低碳发展之路,构建循环生态产业集群,在每一个产业建设与我们的顾客、伙伴共生、共荣、共赢的生态链。"

鄂尔多斯坚持全产业链的可持续发展战略,从绒山羊养殖、羊绒收储、羊绒初加工、羊绒纱线加工、羊绒服饰制品加工再到羊绒产品的回收以及再利用,开展全产业链可持续发展的实践。更进一步,鄂尔多斯于2019年推出包含无染色羊绒、可再生羊绒等技术的"善SHÀN系列"服装,重新定义时尚和环保之间的关系,向消费者表达尊重自然、保护生态、循环相生的品牌理念。随着近年来我国对"双碳"目标的确定以及对可持续发展的大力投入,鄂尔多斯品牌的可持续发展战略尤其显得具有前瞻性。

尽管国家的政策和国际环境都更推崇更为环保的生产方式和产品,国内消费者对可持续服装的认知度仍旧不高。王臻认为鄂尔多斯在可持续发展上的每一步走得都非常踏实,但有些问题仍然萦绕在她的心头:绿色时尚能否成为鄂尔多斯品牌差异化的竞争优势?时尚与绿色环保在消费者感知层面是否存在矛盾关系?绿色可持续的价值主张能否成为鄂尔多斯实现品牌增长和国际化的着力点?

一、羊绒产业

羊绒是生长在绒山羊外表层,掩在山羊粗毛根部的一层薄薄的细绒,属于稀有的特种动物纤维,也被称作"纤维钻石""软黄金"。羊绒产量仅占世界动物纤维总产量的0.2%。

中国是羊绒资源第一大国,也是生产加工第一大国和羊绒制品出口第一大国。羊绒产业链大致分为原毛生产、毛纺纺纱、服装制造三大环节(见图1)。中国年产原绒1.8万吨左右(见图2),约占世界总产量的60%以上。内蒙古年产山羊原绒近7 000吨,约占全国羊绒产量的50%,是我国乃至全球优质山羊绒原料主产区。[1]中国羊绒加工企业数量近3 000家,羊绒产品产量占世界总产量的70%以上。[2]中国的羊绒产业主要集中在内蒙古、河北清河县、宁夏、浙江湖州织里县、深圳等地。

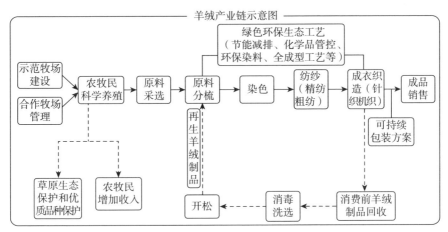

图1 羊绒产业链示意图

资料来源:鄂尔多斯集团2021年年度报告。

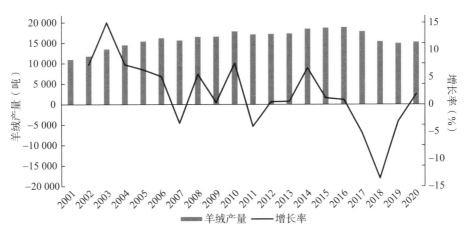

图2 2001—2020年中国羊绒产量和增长率

资料来源:国家统计局。

注:羊绒产量指本调查期内山羊所生产的羊绒总量。

虽然中国羊绒制品在品质、价格上具有很强的国际竞争力,但由于缺乏品牌和销售渠道,大部分厂商都在为国外生产企业、贸易商或品牌做贴牌,附加值低、缺乏主动权。目前国际市场上真正为中国自有品牌的不到

20%。出口羊绒衫价格仅相当于内销价格的 1/5。[2]

羊绒服装品牌领域，国际知名品牌有诺悠翩雅（Loro Piana）、布鲁内洛·库奇内利（Brunello Cucinelli）等奢侈羊绒品牌，中国知名品牌有鄂尔多斯、鹿王、恒源祥、雪莲、海尔曼斯等。

二、鄂尔多斯羊绒品牌发展

（一）鄂尔多斯概况

鄂尔多斯成立于 1995 年，凭借当地高品质的羊绒原料[①]的资源优势，进入羊绒产业，并由单一的羊绒产业延伸至煤炭、电力、冶金、化工、能源等各大领域。2021 年总营业收入为 364.73 亿元，主营业务收入 36.8 亿元（见图 3），占集团总营收的 10%，毛利率为 51.17%。鄂尔多斯是一家拥有羊绒全产业链的企业，经营范围涵盖羊绒原绒采购、初加工、深加工、成衣生产、品牌推广、渠道建设、产品销售，并且还是羊绒产品标准的制定者。鄂尔多斯于 2017 年开始筹建山羊育种和牧场基地，进一步完善全产业链的搭建。

图 3　鄂尔多斯主营业务收入和毛利率

资料来源：鄂尔多斯历年年度报告，作者整理。

---

① 鄂尔多斯羊绒产区位于鄂尔多斯高原，草场肥沃，是国内最佳的山羊生长区域。世界上羊绒品质优良的阿尔巴斯绒山羊就生长在该地区。中国附近的蒙古、阿富汗以及伊朗等国虽然也是产绒大国，但由于加工和营销能力弱，因此大多都将原料运至中国加工。中国垄断了世界羊绒原料市场。

鄂尔多斯的成衣生产业务分为两类：一类是面向出口的贴牌加工，净利润率为10%左右；另一类是以内销为主的自有品牌产品生产，净利润率为30～40%[3]。自有品牌能够消化约50%的羊绒原料。

（二）羊绒品牌发展

历经四十余年发展，鄂尔多斯服装产品从羊绒单一品类服装发展为全品类四季服装，品牌从鄂尔多斯单品牌发展重组为1436、ERDOS、鄂尔多斯1980、BLUE ERDOS、erdos KIDS 五大品牌矩阵。鄂尔多斯连续多年位居由"世界品牌实验室"评选的"中国500最具价值品牌"榜前列。2022年，鄂尔多斯品牌以1 506.75亿元人民币的品牌价值位列品牌价值总榜第51名，连续16年蝉联纺织服装行业榜首。

鄂尔多斯品牌的发展可大致分为四个阶段：创始和羊绒初加工（1979—1988年）、创立羊绒服装品牌（1989—2008年）、从单纯羊绒服装到全系列服装（2009—2015年）、品牌重塑（2016年至今）。

1. 1979—1988年，创始和羊绒初加工

1979年，伊克昭盟羊绒衫厂开始筹建，建设采用补偿贸易的形式，从日本引进全套山羊绒加工设备和技术，并用生产出的羊绒制品返销日本，偿还设备技术的引进价款。1980年，鄂尔多斯的前身伊克昭盟羊绒衫厂成立，王林祥出任建设安装副总指挥，后出任副厂长、厂长。这一年，他的女儿王臻出生。

1984年，在日本考察的王林祥，看到自己厂生产的羊绒衫挂上其他商标后售价就提升了十几倍甚至几十倍，决定推出自有品牌的羊绒衫，并用鄂尔多斯[①]高原这个羊绒主产区地名来作为品牌名。1985年，伊克昭盟羊绒衫厂开始注册鄂尔多斯商标。

2. 1989—2008年，创立羊绒服装品牌

20世纪80年代中后期至1994年，中国羊绒市场陷入混乱，羊绒价格

---

① 鄂尔多斯在蒙古语中意为"众多宫帐"。

暴涨，羊绒质量良莠不齐。

1988年，鄂尔多斯正式拿到"鄂尔多斯"商标注册证书，并在中央电视台黄金时段推出"鄂尔多斯温暖全世界"的广告和全新品牌标识（见图4）。鄂尔多斯开展一系列市场活动，如聘请中国国际广告公司模特队、组建自己的鄂尔多斯时装表演团，先后参加全国巡回演出400多场。1995年，集团被第50届世界统计大会第一次授予"中国羊绒制品大王"称号。鄂尔多斯羊绒衫在这一时期名扬中国，"鄂尔多斯"这个名字也深入人心。2000年，伊克昭盟筹划更改城市名称，便同鄂尔多斯集团商议共同使用"鄂尔多斯"这一名称。2001年，经国务院批复，撤销伊克昭盟，设立地级市鄂尔多斯市。[4]

1988年鄂尔多斯品牌标识	2010年鄂尔多斯品牌标识	2016年鄂尔多斯1980品牌标识	2022年鄂尔多斯1980品牌标识

图4　鄂尔多斯品牌标识

资料来源：鄂尔多斯2021年年度报告。

产品也在这一时期逐步完善。包括引进日本岛津和德国斯托尔设备，以及可生产的产品逐步扩展到羊绒围巾、梭织面料及服饰、精纺面料及服饰。

鄂尔多斯开始采用多品牌战略。这些品牌包括"鄂尔多斯""奥群""LUXERON"以及于2006年王臻创立的小山羊绒稀有品牌"1436"。

同时，鄂尔多斯也改革营销体系。1991年，鄂尔多斯成立"八大军团"，即北京、上海、沈阳、青岛、西安、昆明、成都、深圳八大城市设立公司直营部。随后，鄂尔多斯营销体系逐步扩张，最高峰时有56家分公司，遍及地级市、县级市。

3. 2009—2015年，从单纯羊绒服装到全系列服装

2008年，金融危机影响全球。彼时，鄂尔多斯羊绒服装产业外销比例接近一半，整体经营遭遇困难。加之人民币汇率升值、用工成本上升和出口退税下降的三重打击，外销业务的收益急剧恶化。鄂尔多斯实施羊绒产业振兴一揽子计划，逐渐由以生产为主的传统模式向以品牌和渠道经营为主的品牌商模式转变，从单纯羊绒服装向全系列服装转变。

鄂尔多斯转型的第一步，是于2008年聘请国际知名设计师吉利斯·杜富尔（Gilles Dufour）[①]任艺术总监模特。杜富尔挑选当时还没有大红大紫的模特刘雯作为品牌广告模特（2016年成为品牌代言人）。2009年，21岁的刘雯代表亚洲模特登上维密舞台，一战而红。

2019年，鄂尔多斯开始提升内销占比、压缩外销，并改革内销体系。一方面，建立旗舰店，提升营销渠道档次等，另一方面将大部分直营销售网点改为代理和加盟制。鄂尔多斯也推动百货终端渠道由羊绒楼层走向服装楼层。2010年12月，鄂尔多斯与天猫合作，推出官方旗舰店，开始进行互联网销售。

至2007年，鄂尔多斯占据全球近1/3的羊绒服饰市场份额。之后，其品牌价值逐年提升，成为国内纺织服装行业第一，公司服装销售渠道覆盖国内大部分一、二线城市和部分三线城市，并且在部分一线城市核心商圈拥有高端门店[②]。

对于此次渠道转型，鄂尔多斯总经理张磊认为："最初，百货等终端渠道对鄂尔多斯的认知就是羊绒品类。但后来，百货就逐渐取消了羊绒区。如果我们没有从羊绒区走出来，收入就会很差。"鄂尔多斯女装设计总监盛名谈道："2010年开始，羊绒楼层在渐渐消亡。我们是羊绒衫品牌中唯一走进服装楼层、开启全品类服装的品牌。"

虽然取得了一系列的成功，但品牌方面依然有待提升。盛名说："鄂尔多斯成功地成为全品类服装品牌，但彼时消费者去到百货商场，既能在女

[①] 杜富尔在多家奢侈品公司担任过艺术总监，香奈儿（CHANEL）15年、芬迪（Fendi）10年、巴尔曼（Balmain）3年，后来又去了英国羊绒品牌普林格（PRINGLE）任职。他钟爱羊绒，将欧洲人的审美理念、设计灵感和对中国文化的感知融入鄂尔多斯羊毛衫的设计中。

[②] 2014年，鄂尔多斯旗下品牌商1436在亚太经合组织（APEC）峰会上成为各国领导人的围巾专属制造商，并入驻北京SKP四层，成为以国际品牌为主的精品区唯一的中国品牌。（资料来源：1436品牌起源[EB/OL].[2024-12-23]. https://www.1436erdos.com/about/brand/?type=detail&id=2.）

装区看到鄂尔多斯,也能够在百货羊绒区看到。消费者不知道鄂尔多斯到底在做什么。"鄂尔多斯羊绒服装集团总经理兼品牌事业部总经理戴塔娜说:"鄂尔多斯被人诟病品牌有点老化,设计不时髦。不过大家还认可产品品质是好的。所以我们认为,自己的品牌特别强,特别深的层次做得特别扎实,很有信心。"

4. 2016 年至今,品牌重塑

2013 年,王臻升任鄂尔多斯副总裁,开始大力推动鄂尔多斯的品牌改革。

鄂尔多斯聘请咨询公司和外部专家,如麦肯锡,开展品牌战略和策略方面的调研。其间,鄂尔多斯委托调研公司开展了一项 35 城 5 000 人的品牌调研。除了消费者调研,调研公司还对鄂尔多斯内部员工和高管以及外部的经销商等相关人员进行了访谈。

通过调研,王臻发现[5]:

第一,在消费者眼中,鄂尔多斯一方面存在品牌认知模糊、老化、货品管理和形象管理能力薄弱等问题。另一方面,广大消费者是认可鄂尔多斯的,他们相信鄂尔多斯是专业的、有品质的,他们愿意为羊绒而花钱,对羊绒有期待,有渴望。

第二,客群有共性但也有明显的分层。共性是,相较于追随型、尝试型和追求性价比型等,鄂尔多斯客群大多是追求品质型的,他们认可鄂尔多斯的品质。品质型的客户群体内又可进行细分,如喜欢大大方方的、适合全家老少的、高端的、年轻的、儿童的,等等。同时,品牌传承很重要,鄂尔多斯不管怎么做,不管怎样获取新客群,还是要把老客群安顿好、保护好、经营好。

第三,基于客群分层的现实,品牌要实现差异化、个性化,不然就只能成为产品。鄂尔多斯虽然还是一个以羊绒为核心资产的品牌,但也可以很时尚。羊绒服装市场能够支撑起 4~5 个品牌的发展,每个细分领域都有足够的发展空间。

经过为期一年的调研、筹划[5],2016 年 9 月 1 日,鄂尔多斯启动名为"绒耀新生"的品牌重塑战略:聚焦优势、细分市场、精准定位、精耕细作，打造多品牌管理体系，并通过多品牌区隔经营、协同管理，以1436、ERDOS、鄂尔多斯1980、BLUE ERDOS四大品牌服务不同羊绒消费客群。[6] 2018年，鄂尔多斯推出erdos KIDS品牌。经过品牌重塑，王臻认为："鄂尔多斯的竞争对手已经不是羊绒品类品牌，而是时尚品牌。"[7]

（三）品牌矩阵

鄂尔多斯品牌家族的消费人群涵盖四类不同的人群，从新兴的富裕人群，到主流的中产阶级时尚人群，到成熟的传统务实型人群，再到年轻的个性化人群，分别由1436、ERDOS、鄂尔多斯1980、BLUE ERDOS和erdos KIDS五个品牌来覆盖（见表1）。

"1436"品牌由王臻于2006年创立，定位为追求极致的小山羊绒精品品牌。品牌服装原料采用顶尖的阿尔巴斯小山羊绒，每根羊绒纤维细于14.5微米，同时长于36毫米。1436品牌名也因这一羊绒规格而来。这也成为钻石级小山羊绒的精品规格。1436注重与艺术家合作，参加国际时装周，塑造品牌的高端形象。客户群体为中国及世界上正在快速崛起的一批有独立个性和价值体系的新兴富裕人群。

"ERDOS"品牌定位为时尚羊绒品牌。品牌意在让羊绒拥有时尚设计，做到精致、有品质、有态度。客户群体为经济独立、具有良好的教育背景与文化修养、注重品质和时尚、有独立的审美及服装选择主张的现代都市中产人群。ERDOS主要通过和明星及时尚KOL（关键意见领袖）的合作增加关注度和品牌时尚度。除了正常的春夏和秋冬两季服装，ERDOS还推出了一些胶囊系列，最为知名的是刘雯和ERDOS团队携手发布的LIUWEN×ERDOS联名系列。2018年10月，推出1.0联名系列；2019年，推出2.0联名系列；2020年10月，推出3.0联名系列；2022年9月，推出2022联名系列，以"少时心动"为主题。LIUWEN×ERDOS联名系列产品以羊绒针织为核心品类，也包括T恤、衬衫、西装、裤装等。整个系列的色系和设计受到年轻人和一些明星的关注，也连续3年入选天猫年度潮流新品，得到市场的肯定。

表 1　品牌重塑后的品牌矩阵

品牌名称	1436	ERDOS	鄂尔多斯 1980	BLUE ERDOS	erdos KIDS
品牌区分	小山羊绒精品品牌	时尚羊绒品牌	经典羊绒品牌	年轻羊绒品牌	品质羊绒童装品牌
创立时间：品牌定位和品牌口号	2006 年创立。品牌创立起源于慈善：2005 年，鄂尔多斯集团 VIP 晚会，拍卖高品质羊绒制品获得成功，由此获得启发。品牌强调，"白如云、轻如雪"的小山羊绒如丝，"极致"有品，品牌口号是"珍稀，独立，柔善，小山羊绒稀有品"	2016 年由"鄂尔多斯"品牌拆分而来，品牌定位为"代表中国中产阶级品质羊绒的时装品牌"（2017 年表述）羊绒，发现羊绒的时尚与精美。（2020 年表述）代表中国中产阶级品质的四季羊绒品牌。品牌口号是"现代，时尚，品质，触摸现代美学，诠释当代都会时尚"	2016 年由"鄂尔多斯"品牌拆分而来，品牌定位为"经典，优雅，内敛"，营造"羊绒生活家"的氛围（2017 年表述）羊绒专家，专业羊绒传承，相伴相随的温暖，历久弥新的设计。（2020 年表述）传承鄂尔多斯温暖文化与匠心精神，为温暖家庭有爱打造经典的国家级品质羊绒品牌。品牌核心情感为"温暖"，信赖，历久弥新；"历久弥新的时尚相伴相守"，品牌口号是"中国羊绒，温暖世界"	2016 年创立，品牌定位为"简约而充满活力，自在而物超所值"（2017 年表述）简约羊绒，年轻、有态度、舒适而物超所值。（2020 年表述）为年轻的都市男女创造独立方式并集卓越品质与高性价比于一体的简约羊绒服装品牌，"品质舒适、简约自由"，用独立姿态，诠释纯粹羊绒生活。品牌口号是"自在，自我"	2018 年推出。找寻舒适与童趣之间的平衡，将羊绒轻盈温暖的体验赋穿予孩子成长过程中，带童梦探索世界乐园（2020 年表述）具有童趣而温暖的高品质四季羊绒品牌。品牌口号是"以羊绒为核心材质，具有童真趣味的高品质童装品牌"

110

（续表）

品牌名称	1436	ERDOS	鄂尔多斯1980	BLUE ERDOS	erdos KIDS
消费人群	追求极致品质、高收入、高消费力、高生活质量人群、新兴的富裕人群	经济独立、注重品质和时尚的中产人群、主流的中产阶级时尚人群	偏高收入、高知、成熟的传统务实型人群	新兴都市消费主力年轻的个性化人群	追求生活品质且收入稳定的儿童家长群体
产品线	以"稚真羊绒"限量系列为代表的高端产品线、男/女/童/配饰/内衣订制	日常产品系列、E系列、自然系列及代言人合作款特别系列、男/女/童/配饰（产品系列、全产品线、全材料、全品类）	ICONIC真爱系列联名胶囊系列、男/女/童/配饰（以羊绒为主）	日常产品系列、联名合作系列、男/女/配饰/内衣	童/配饰
定价（元）	4000~100000	1000~40000	1000~20000	500~5000	500~2000
渠道	线下门店多选择在国际奢侈品牌门店附近，营造高端形象。2007年，首家精品店开业，位于北京金融街购物中心。2014年入驻北京SKP四层，成为四层以国际品牌为主	销售区域为国内一、二、三线城市。门店多选择在城市核心商业区、购物中心等地段。渠道包括：奥特莱斯、百货、旅游零售、购物中心、街边百货、内购团购、平台电商（线上）、微商城（线上）	国内一、二、三、四线城市。渠道包括：奥特莱斯、百货、购物中心、街边店、旅游零售、内购团购、平台电商（线上）、微商城（线上）	一、二线城市。渠道包括：奥特莱斯、百货、购物中心、街边店、内购团购、平台电商（线上）、微商城（线上）	渠道包括：奥特莱斯、百货、购物中心、街边店、内购团购、平台电商（线上）、微商城（线上）

(续表)

品牌名称	1436	ERDOS	鄂尔多斯1980	BLUE ERDOS	erdos KIDS
	的精品区唯一的中国品牌 2016年，首家海外精品店开幕，入驻日本 渠道包括：奥特莱斯、百货、购物中心、街边店、旅游零售、内购团购、微商城（线上）				
营销沟通（品牌故事如何渗透）	2008年，入选中华国宾礼 2014年，获选为APEC领导人配饰专属制造商	时尚走秀、平面媒体、明星代言等	品牌发布会时尚走秀、平面媒体、明星合作等	平面媒体、明星合作	平面媒体、线下活动
工艺	采用最好的、难度最大的纺织技术。采用高支细数的纱线。在细节工艺处理上更精细。采用高支细数的纱线	面料开发上和设计师联动，体现时尚的要素，体现丰富多彩	和传统工艺相结合，现在也开始赋予更多科技功能等	以质感材质通过版型和细节处理，兼顾时尚与舒适感，并注重品质与价格的平衡	

资料来源：鄂尔多斯提供，作者整理。

"鄂尔多斯1980"品牌定位为经典羊绒品牌。品牌突出成熟品位和舒适穿着,负责传承集团经典与匠心,强调羊绒方面的专业性,打造四季可穿着的无龄化设计,传递内敛与成熟的风格。客户群体为热爱生活、关注家庭、注重着装舒适度、追求品位但不盲从的成熟客群。

"BLUE ERDOS"品牌定位为年轻羊绒品牌。品牌主要推出"简约而充满活力,自在而物超所值"的入门级高性价比羊绒,服装剪裁设计简单而百搭,兼具卓越品质与高性价比。客户群体为年轻有态度的都市年轻客群,主要是80后和90后人群。

"erdos KIDS"品牌定位为儿童羊绒品牌。品牌设计以羊绒为核心材质,打造童真趣味。目标客户群体为2~12岁儿童,主要面向具有良好的教育背景和文化修养,重视品质,现代而又积极向上的新一代父母。

(四) 渠道

鄂尔多斯采用"直营与经销相结合,线上线下打通,全渠道融合运营"的销售模式。

直营是指鄂尔多斯在全国一、二线城市等重点城市和海外重点市场的中高端优质商业场所开设商场店或专卖店。经销是指鄂尔多斯将产品按一定折扣销售给经销商,经销商自行开设百货店、专卖店等对外销售,门店主要位于二、三、四线城市核心商圈。鄂尔多斯动态调整自营渠道和经销商的结构。鄂尔多斯线下终端渠道按品牌分为1436、ERDOS、鄂尔多斯1980、BLUE ERDOS、erdos KIDS,按业态分为百货、购物中心、街边店、旅游零售、奥特莱斯、内购团购。[8]

终端店面视觉设计、消费者体验等也随之升级。2016年,鄂尔多斯开始尝试"绒耀空间"品牌集合店、旗舰店等新零售业态。

鄂尔多斯从2010年就开始线上渠道探索,在天猫、京东、唯品会等电商第三方平台开展旗下品牌运营和线上零售业务,同时充分利用电商、小程序、企业微信、社群、直播等线上新渠道新工具。其中,平台电商渠道全部为直营。2021年11月11日,鄂尔多斯品牌家族全网销售突破3亿元,鄂尔多斯天猫官方旗舰店获天猫国内高端女装行业体量和增量双第一。截至 2021 年，电商销售占比 15%。

同时，鄂尔多斯于 2017 年上线全国统一的客户关系管理系统，于 2020 年 4 月完成全面升级。截至 2021 年 12 月，客户关系管理系统共覆盖 76 万多微信会员，45 万多企业微信会员，201 万多全国会员。[9]

三、时尚产业与可持续发展

品牌重塑支撑鄂尔多斯羊绒产业实现新一轮的发展。但时代变迁永不停歇，新的时尚潮流涌动，对鄂尔多斯品牌的未来至关重要，其中一个重要潮流就是可持续发展。

服装，是人们为自己选择的第二皮肤。人们通过服装来展示个性和自我形象。时尚产业于 20 世纪得到迅猛发展。在其推波助澜之下，消费者跟随着时尚潮流的变迁而不断更新自己的衣着风格和品位，获得自身与流行文化的联结、个性的表达以及他人的认可。不断更新换代的服装潮流虽然满足了大众对于时尚的追求，但是对环境带来严重的后果。尤其是近年来兴起的快时尚商业模式，因快速反应、样式变化多①、时尚设计且价格合理等特征，广受学生、年轻白领等消费人群的喜爱和追捧。[10]快时尚领域也诞生了如 H&M、Zara、GAP、Forever 21 等众多品牌。新晋网红快时尚品牌 SHEIN 基于大数据算法，以从消费者到生产者的柔性供应链实现快速迭代和实时销售的模式，（2022 年 3 月）达到日均上新 6 000 款的超时尚速度。

快时尚的经济实惠和风格多样使得过度消费现象较为普遍。40% 的消费者衣橱中有超过 70 件的时尚单品，将近 76% 的消费者仅仅使用了衣橱中不足 60% 的时尚单品。[11]时装产品的生命周期已经大大缩短，2018 年数据显示每件服装的生命周期大约为 2.2 年。[12]

服装制造业是第二大污染行业。纺织品行业每年消耗水约 790 亿吨，

---

① 在过去有两个时装季节：春夏和秋冬。但在快时尚领域，时装界已经能够每年制造 52 个微型时装季节。

相当于欧盟全年用水量的1/3；占到全球清洁水污染的20%；向环境排放的初级超细纤维中，洗涤化纤衣服的排放量占到35%；全世界每年生产超过1 000亿件衣物，但能够回收的占比不超过1%，其余大部分纺织物都被焚毁或填埋；时尚产业每年碳排放量占到全球碳排放量的10%，其中，70%的碳排放来自生产环节，其余来自零售、物流和使用环节。[13]

此外，对供应链上游从业者的待遇有待提升。快时尚产业主要采用离岸制造的方式降低劳动力成本，供应链复杂，可见性较差，导致工人工资较低，没有足够的权利和安全保障。2013年，孟加拉国拉纳广场大楼塌方，大厦内有许多独立的服装工厂，造成1 134名从业者遇难。[14]这一事故触动了时尚界。

（一）时尚行业的可持续发展

时尚行业逐步重视可持续发展最早缘于20世纪60年代环保运动的理念。20世纪90年代起，一些品牌如Patagonia和ESPRIT等开始一些可持续实践。① 此后，时尚行业可持续发展的概念是指促进时尚产业通过综合考虑环境、社会、经济和文化因素，减少价值链过程和产品生命周期内的资源消耗、环境退化和生态污染，以保护生态环境和推动社会公平性的进程。时尚行业的可持续发展不仅关注时尚产品，更关注时尚产业整个价值链中从设计研发、生产、消费到回收各个环节的多方共同参与。[15]其中，美国的户外品牌Patagonia更是以其不仅在生产、销售及售后等环节坚持对环境生态的保护以及减排等，更重要的是提出"反消费主义"的价值主张，而拥有大批忠实粉丝。该品牌于2011年的"黑色星期五"在《纽约时报》整版刊登"不要买我们的夹克衫"广告，成为轰动一时的营销事件。

近年来，全球的时尚行业越来越重视可持续发展。德国有调研表明，对于73%的时装生产商而言，可持续是头等大事。[12]2018年，德国的可持续产品增长了17%，总营业收入达到1 460亿欧元。[12]高级时装品牌、传统服

---

① 如对不同面料进行生命周期评估、采用有机棉、利用消费者进行传播、实施新商业模式等。

饰零售商、设计师品牌、新型可持续时尚品牌、运动品牌等，均开展了与可持续时尚相关的行动实践，包括可持续设计、废纺织品回收再利用、消费者行动及品牌服务、供应链可持续管理（节能减排、环境保护、供应链从业者待遇等）、信息披露、行业协作、行业标准和认证体系等[16]（见表2）。然而，也有一些品牌（例如H&M）在推广其可持续时尚理念和实践时，遭到媒体和消费者及环保组织对其"洗绿"目的的质疑。

2017年，全球三大奢侈品集团之一的开云集团推出"2025可持续性战略"，主张"奢侈与可持续性两位一体"；2019年，开云集团和150个品牌共同签署一项旨在促进可持续发展的《时尚契约》（Fashion Pact）。中国的服装品牌ICICLE之禾、EP YAYING雅莹和鄂尔多斯等纷纷推出可持续产品。[17]

（二）可持续时尚意识：觉醒的消费者

消费者对于环保理念的认可度也在提升。有调研显示，81%的消费者期望品牌在环境保护方面有所作为，60%消费者愿意为了减少对环境的影响而改变消费习惯。[18]

2022年，全球知名调研机构罗兰贝格与国际时尚产业媒体WWD中文版对中国市场的一份调研表明，超过90%的中国消费者已经注意到可持续话题，同时，全球已经出现了关键影响者，尤其是年轻一代。[19]聚焦到时尚产业，超过85%的中国消费者认为"时尚消费"对环境产生负面影响。[19]

消费者沟通方面，Z世代与千禧一代更愿意通过线上渠道了解产品可持续性特征，如品牌推出的可持续营销内容、杂志、视频等，Y世代更关心产品的可持续标签和品牌背书。[19]影响"可持续服装产品"的购买因素包括：产品使用绿色有机材料；产品有更好的设计；生产过程帮助节约能源，减少环境污染；品牌是"可持续"的绿色定位；产品更实用、更耐用；品牌或企业是ESG的，更加富有社会责任；产品更加便宜或性价比高[19]；等等。并且，调研显示，52%的女性消费者愿意为可持续产品支付5%以上的溢价。[19]

表 2 服装行业可持续时尚实践示例

品牌	类别	可持续设计	供应链可持续管理	废纺织品回收再利用	消费者行动及品牌服务	信息披露	行业协会、行业标准、认证体系	公益机构合作
Chloe	高级时装品牌	加入皮革工作组，支持更可持续的皮革制造	推动动物福利。顾及劳工待遇是否达到道德标准	2021秋冬系列超过80%的羊绒纱线为可回收羊绒		推动信息披露	推动公平贸易认证；接受SMETA审计方法	
Prada	高级时装品牌	"再生尼龙"；加入国际无毛皮零售商计划	公平待遇，遵循性别平等					支持MEDSEA基金会海洋生态系统修复项目；与联合国教科文组织宣布推出"Sea Beyond"特别教育项目
Levi's	传统服饰零售商	材料上，75%的棉花原料来自可持续来源	65%的产品在使用工人福利计划的工厂生产	二手平台：Secondhand	提供修理和重新设计服务，延长产品寿命，减少浪费			加入艾伦·麦克阿瑟基金会牛仔裤重新设计项目
Patagonia	传统服饰零售商	外套产品中使用了可持续材料	遵循公共贸易惯例并且密切监控供应链，以确保对环境、工人和消费者的安全		向顾客提供服饰修理帮助，而并非鼓励大家购买新产品。鼓励顾客回收旧的Patagonia装备并购买二手物品			

（续表）

品牌	类别	可持续设计	供应链可持续管理	废纺织品回收再利用	消费者行动及品牌服务	信息披露	行业协会、行业标准、认证体系	公益机构合作
ICICLE之禾（上海）	传统服饰零售商	采用天然材质，环保种植棉或回收纱线，并且用环保技术和天然提取物加工面料	原料采购上，采用人工种植或养殖的原料，不采用野生材料	打通生产与销售的前后端，提升断头余料的生产与回收利用，如将这些废料用于橱窗装置或重新设计成为内部员工制衣福利		建立可持续发展委员会		
Klee Klee（上海）	可持续品牌	反对过度设计的时尚；采用自然放养羊群的羊毛，以有机桑叶为饲料的桑蚕分泌的丝绸，桑蚕制作的麻，环境友好塑料和回收塑料和天然材质纽扣	使用环保的"ingido juice"染色工艺，减少水和能源消耗		推出"Klee Klee和朋友们"项目，探索二手书店旧衣回收，传递可持续消费理念			和少数民族合作，保护当地文化和技艺

（续表）

品牌	类别	可持续设计	供应链可持续管理	废纺织品回收再利用	消费者行动及品牌服务	信息披露	行业协会、行业标准、认证体系	公益机构合作
Adidas	运动品牌	使用回收塑料、海洋产品，并致力于研发创新型植物纱线			建立转售平台，带动闲置物品流通，延长使用周期			和环保品牌和机构合作
Nike	运动品牌	采用环境友好型材料，减少纺织品用水	推出"公路直达"模式，用卡车运输取代空运；在物流中心扩大可再生能源发电和使用规模		推出"旧鞋回收计划"			为儿童建立 Nike Grind 运动场

资料来源：R.I.S.E. 可持续时尚实验室. 时尚行业可持续行动指南 [EB/OL]. (2022-04-22) [2024-12-23]. http://cteam.org/pdf/shishanghangyekechixuxingdongzhinan.pdf.

四、ERDOS WAY 鄂尔多斯之道

2017年的一天,王臻和鄂尔多斯可持续发展顾问、时任《周末画报》杂志总编的叶晓薇聊到一个新话题——"Green Cycle"。叶晓薇向王臻安利可持续时尚:"可持续时尚和循环经济是目前行业非常关注的话题,也是行业发展的趋势。现在有很多创新科技出现,让大家能在追求环保、可持续的同时,保持色彩、设计等美学的考量,做到既环保又时尚。鄂尔多斯掌握了羊绒生产的全供应链,完全可以好好策划,看看整个链条上有哪些事情能做,达到全产业链真正的可持续。"

此番对话后,王臻开始认真筹谋鄂尔多斯羊绒服装的可持续发展战略。她认为,鄂尔多斯是以羊绒原料为核心的时装企业,羊绒材质是如此特殊,其内涵也很丰富,再加上鄂尔多斯拥有全产业链,这里要做的、能做的且可控的事情就更多,应该抓住可持续时尚的机遇,做一个可持续的民族品牌,做成世界品牌,立民族志气。

王臻成立了可持续工作小组,定期讨论工作计划,并且和市场部门、产品部门、供应商、经销商等内外部进行讨论和沟通。王臻说:"我要公司上上下下所有人都理解我们谈可持续是要干什么。原本以为,这个事情的沟通会比较困难,但让我没想到的是,大家高度认同,并且跨部门的沟通也非常顺畅。这件事情本身的意义感很强,形成了向心力。"

经过长时间的筹备,2018年,鄂尔多斯依据联合国"可持续发展目标"的指引,发布集团级战略《ERDOS WAY 鄂尔多斯之道》,从供应链、品牌和员工三个维度进行规划,并涵盖上游牧场、中游制造、下游消费的羊绒全产业链(附录1:ERDOS WAY)。鄂尔多斯还联合 yehyehyeh 创新社推出《可持续羊绒指南》宣传片,向外界传递可持续羊绒理念。[20]

对外,鄂尔多斯积极开展行业协作。2018年,鄂尔多斯应邀出席哥本哈根时尚峰会,向全球阐述中国时尚行业的可持续发展进程,并成为全球时尚行业可持续发展领导者全球时尚议程(Global Fashion Agenda)的五家

首批代表企业之一。2020年，鄂尔多斯加入可持续羊绒生产标准咨询委员会。2022年4月，鄂尔多斯启动碳中和项目，宣布加入中国纺织工业联合会"30·60时尚气候创新碳中和加速计划"，并向外界发布多年来在可持续发展方面的一系列成绩（附录2：鄂尔多斯全产业链可持续发展成就）。王臻认为，集团开展可持续实践，参加国际上一些小范围的会议，有利于在国际舞台上向外传递中国声音，并且也有利于行业交流[69]。

（一）可持续产品——善系列

作为一家面向消费者的服装企业，鄂尔多斯最初推动可持续发展战略时就坚持要把战略落脚到产品上。

1. 善系列品牌理念

2019年，鄂尔多斯利用新的技术和工艺（附录3：上游生态牧场和中游制造技术）开发出一些可持续产品，并命名为"善SHÀN系列"（简称善系列）。善系列标识基于"善"这个汉字演变而来（见图5）。上半部分为"羊"，中国古代认为羊为德行的代表，安详温和。下半部分为"言"，代表言说、交流之意。上下结合为"善"，即古人认为人与人之间的交流，像羊一样祥和亲切。善系列致力于重新定义时尚和环保之间的关系，表达尊重自然、保护生态、循环相生的品牌理念。鄂尔多斯希望通过向人们传递的生活方式和态度，以及人与世间万物和谐共存的卓越智慧，呼吁更多的人认识到时尚消费方式与环境的关系，一起身体力行，善待世界。[17]

讲起设计理念，戴塔娜认为："可持续并不一定要像苦行僧那样断舍离，颜色也未必只是灰白黑，可持续也能够在新技术的加持下，做得有色彩、有设计。并且，羊绒这样的原料在可持续方面本身就有优势。一方面，我们认为羊绒材料本身就是很好的材料，我们一直向顾客传达'买得少，但买得好'的理念；另一方面，我们会给客户很多支持，为客户提供保养和修补服务，希望衣服能够陪伴客户更久一些。"

2. 善系列产品

在产品设计之初，王臻就提出善系列产品要100%地掌控全产业链，要

图 5　善系列标识

资料来源：鄂尔多斯提供。

在自有工厂生产，"把可持续做实，有扎实数据支撑，这样才能够真正有把握做到绿色可持续"。戴塔娜说："我们的行动非常快，从最初构想到推出产品，仅仅用了半年时间。除了自己非常重视，还在于这种全产业链模式。而其他很多没有控制产业链的服装品牌，很难达到这样的速度。"

鄂尔多斯旗下几个品牌纷纷推出善系列产品。鄂尔多斯推出的善系列类型包括再生羊绒、牦牛绒、无染色羊绒、植物染羊绒、清水洗羊绒、全成型针织衫、可追溯羊绒及自清洁羊绒针织衫（附录4：善系列八种产品说明）。

这些产品在各品牌的线下门店和线上渠道对外销售。在线下，鄂尔多斯通过服装吊牌、陈列规划、店员导购和商场海报推广的方式，来凸显善系列。在线上，则会在产品图上增加善系列标识，在产品标题中写明善系列。

"至于善系列产品的定价，"戴塔娜说，"我们是按照统一的定价体系来定的，不认为应该让客户为新的概念多付钱。"

ERDOS品牌在2019年秋冬推出善系列，产品包括套衫、开衫、背心、大衣等。[21]天猫小黑盒、官方微信小程序和线下门店同步发售。2020年春夏，推出优雅质感"新职场"概念的E系列。[22]到2022年秋冬季，善系列占整体产品的比例进一步提升，女装占27%，男装占32%。

2021年秋冬季，鄂尔多斯1980品牌善系列占整体产品的比例为3%；2022年春夏季，善系列占整体产品的比例为6%；2022年秋冬季，善系列占整体产品的比例为8%。

BLUE ERDOS推出使用天然面料及环保的再生材质的善系列产品，2021年秋冬季有两款在售。Erdos KIDS推出全成型针织衫、无染色绒、天然染料染色绒系列三组产品，2021年秋冬季有套衫、童裤等产品在售。

（二）消费者沟通

鄂尔多斯采用多种方式向消费者推广善系列产品及其理念。最基本的包括制作专用吊牌、培训导购、通过官方公众号进行内容传播[①]、召开发布会、邀请明星代言等。

2020年10月15日，鄂尔多斯「善」主题发布会"善待世界"于上海上生·新所举办，并释义为"善于澄明，善于感受，善于探索，善于温暖，善于期待，善待世界，和你"。发布会上，鄂尔多斯邀请华晨宇作为首位善系列代言人，引起积极反馈，如在线上天猫店铺中，有消费者在善系列服装的评价区写道："表白代言人华晨宇""跟着花花推荐选大品牌就对了"。

赵又廷、谭卓、周迅、胡歌、刘雯、李宇春、张颂文、白宇帆、易烊千玺、井柏然、阿云嘎、熊梓淇等众多明星也被邀请参与善系列相关的拍摄。周迅表示："充分享受当下，就不会觉得无聊，衣服的新旧美丑也会有新的标准。"谈及明星代言，戴塔娜说："我们在选择明星代言人时，有三点考量，即专业能力强、影响力大、形象鲜明。"

此外，鄂尔多斯也组织其他很多活动，传递可持续理念。如在包装上采用极简环保风。再如2018年鄂尔多斯1980品牌启动"大衣焕小衣"项目，顾客将旧的鄂尔多斯成人羊绒衫送到鄂尔多斯1980门店，就可以收到由此改制成的同款童装产品。如2019年9月，ERDOS和《ELLE》杂志一

---

① 截至2022年9月，微信公众号"ERDOS鄂尔多斯"中有42篇包含"善"系列的内容。

起，联合8位中国独立设计师利用鄂尔多斯工厂资源和再生羊绒面料进行服装设计创作。[23]

五、持续成长

> 天下之事，虑之贵详，行之贵力。
>
> ——张居正《陈六事疏》

2022年4月，在鄂尔多斯正式启动"鄂尔多斯碳中和项目"的会议上，王臻透露，善系列2021年销售量较2020年增加51%。讲起已取得的成就，戴塔娜自豪地说："在和国外客户谈合作时，他们对于可持续的关注越来越多，而鄂尔多斯也因为善系列，有能力为客户提供解决方案。基于我们对羊绒产业链的控制，未来，我们也可能会披露善系列的能耗、碳足迹等。这一点是其他很多品牌很难做到的。"作为鄂尔多斯可持续发展的顾问，叶晓薇感到欣慰。她认为，在中国时尚品牌中，鄂尔多斯在可持续方面做得很好，能够做出来一款经得起推敲的可持续产品，而很多品牌其实摸不清楚产业链的情况。

毫无疑问，可持续是时装行业重要的发展方向，但这个趋势距成为真正的潮流还有距离。有研究表明，虽然参与调研的消费者中有65%想要购买倡导可持续发展的品牌，但是只有26%的消费者会真正行动。[24]另有研究表明，影响消费者购买可持续产品的原因在于消费者不清楚如何获得品牌的可持续信息，或在通常购物的场所难以找到可持续商品。[25]在国际上有一些相关的认证标识，如纺织产品绿色标签（MADE IN GREEN by OEKO-TEX®）、全球有机纺织品标准（Global Organic Textile Standard，GOTS）、全球回收标准（Global Recycled Standard，GRS）等，这些认证已经成为服装产品进入国际市场的条件之一。中国于2017年颁布《绿色产品评价—纺织产品》（GB/T35611-2017），但并没有面向消费者的绿色认证标识。王臻也谈到一个情况，鄂尔多斯在简化包装从而减少污染，然而却也收到一些用户反馈:"这么贵的衣服,包装怎么这么简陋,看看其他化妆品或奢侈品一层又一层的包装。"叶晓薇认为:"在推动时尚行业可持续发展上,有很多的工作可以做。但要达到真正的可持续时尚,最终还是要有商业模式的创新。"

面对更加不确定的未来,王臻说:"坚信羊绒的价值,坚持长期主义,愿意付出更高的成本,去到更难到达的地方,让中国羊绒走在世界时尚的前沿,让纺织产业有序发展。"[26]

附录1:ERDOS WAY

维护草原生机,改善生态环境,回应气候变化,共同参与全球荒漠化防治
建设现代牧场,结合生态与先进科学,合理地利用草场资源,引导山羊绒的可持续培育
为员工创造价值、福利与幸福。快乐员工是快乐地球公民的基石
羊绒是天然环保的珍稀材料。道德养殖的可追溯性羊绒,使用后可以天然降解
尊重匠心,延续传统,长效设计,长效使用,唤起社会有意识、负责任的消费升级行为
减少浪费,资源回收,迈向循环经济,开发再生羊绒的运用
建立中国羊绒制品绿色设计平台,共享科技研究成果,推动全行业产业链变化。传递高效、低碳、循环等绿色制造的理念
投入社群建设,做草原文化生态的保护者,带动"天人合德"的复兴

ERDOS WAY 宣传插画

资料来源:鄂尔多斯。

附录2:鄂尔多斯全产业链可持续发展成就

• 1个纲领。鄂尔多斯秉承联合国可持续发展目标的指引,制定集团级战略《ERDOS WAY 鄂尔多斯之道》。

- 第 1 家。羊绒行业第 1 家完成羊绒衫全生命周期环境影响评价的企业。
- 1 个。1 个国家级羊绒制品工程技术研究中心。
- 5+1 个。5 个合作牧场和 1 个自建标准化示范牧场。
- 4 个。4 个学研协同设立国家级科研实验室,对绒山羊的科学育种和饲养管理进行研究,保护草原生态平衡及优质绒山羊品种。
- 34 项。截至 2021 年,主持制定了国际标准 3 项、国家标准 12 项、行业标准 19 项。
- 17 项。17 项绿色制造相关标准。
- 251 项。截至 2021 年,拥有羊绒技术研发专利 251 项。
- 通过 5 年努力,2021 年较 2016 年单位水耗降低了 14.49%,单位能耗降低了 12.47%。
- 3 024 户。截至 2021 年,完成 7 个地区、3 024 户牧民的动物福利认证,并实现从产品到牧场的全链条可追溯。
- 1 亿元。设立总规模 1 亿元的鄂尔多斯牧区帮扶与乡村振兴专项基金,用于支持帮助牧区乡村素质教育、产业人才培养、社区产业链设计和培育等项目,致力于共同富裕。
- +51%。自 2019 年推出善系列,致力于重新定义时尚与环保之间的联系,尊重自然,保护生态,循环相生,实现鄂尔多斯对可持续生产设计的承诺。2021 年销售量较 2020 年增加 51%。
- 2022 年 4 月 22 日,正值第 53 个"世界地球日",鄂尔多斯正式启动"鄂尔多斯碳中和项目",并宣布加入中国纺织工业联合会"30·60 时尚气候创新碳中和加速计划"。
- 2022 年 3 月 22 日,鄂尔多斯启动"与地球,一起绿动"的低碳活动,累计超 7 万人次,减碳超 6 000 千克。

附录 3:上游生态牧场和中游制造技术

上游生态牧场

20 世纪 90 年代起,鄂尔多斯就在上游牧场领域持续做工作,开展赡养品种保育工作和草牧场保护工作、支持草原环境保护与发展、降低生产能耗、采用对环境影响较少的化学染料等。

2021年，鄂尔多斯在鄂托克旗建起一个自有的标准化牧场，并在牧场中设立超细绒山羊育种基地，从草原生态环境、饲草料、科学育种、羊绒培育等多个方面进行研究。戴塔娜说："我们需要从源头研究起来，研究植物、研究土壤、研究动物，并且要有足够详尽科学的数据，为未来进行可持续发展提供支撑。"

鄂尔多斯希望探索出一套科学的方案，让牧民们通过选种、培育、喂养最高产的山羊，来提高单只山羊所产羊绒的质量，并通过控制放牧草场载畜量，让草原有自然恢复的时间，从而缓解土地压力，避免荒漠化。[20]

中游制造技术

谈及鄂尔多斯目前可持续方面的着力点，戴塔娜说："研究表明，在服装产业链，品牌之前的生产环节，对环境的影响占比要达到70%。同时，也因为鄂尔多斯有全产业链，所以更多的重心还放在供应链上。比如，一件羊绒衫，要经过120多道工序，这链条上就有很多环节具备改造和升级空间。可持续时尚品牌，更多起到催化剂或助推者的作用。"

鄂尔多斯增加了对很多新生产技术的投入，包括超声波技术、天然植物染色、微悬浮染色、全成型技术、可回收再利用技术等。

附录4：善系列八种产品说明

【再生羊绒】将羊绒制品生产过程中产生的边角料或消费前的废旧羊绒制品回收，经消毒、分选、开松、检验等工序重新纺成纱线用于织造面料。

【牦牛绒】使用来自中国青藏地区的牦牛绒，材质光泽柔和，天然保暖，可生物降解，同时助力藏区可持续经济发展。

【无染色羊绒】不使用染料而呈现羊绒自然本色，保留其细腻特性及良好的亲肤性。

【全成型针织衫】针织衫一线成型，无须缝合就能编织出成衣，降低材料及能源消耗。

【可追溯羊绒】对羊绒从原料产地、纱线生产再到成衣制作的全过程进行规范的可追溯管理。

【自清洁羊绒针织衫】 以前沿的护理技术，赋予羊绒高度抗沾湿、防油污、防黏附、易打理的全新性能，长效穿着。

【清水洗羊绒】 简化成衣后整理流程，仅通过清水洗工艺，便赋予织物亲肤健康的特性，天然且环保。

【植物染羊绒】 以植物为天然染色剂，应用于羊绒染色，呈现柔和雅致的自然色调。具有较好的生物可降解性和环境相容性，环保减碳。

参考文献

1. 寇雅楠.内蒙古：高品质羊绒"养殖套餐"的秘诀［EB/OL］.（2021-12-30）［2024-12-23］.http：//nm.people.com.cn/n2/2021/1230/c196689-35075393.html.
2. 中华人民共和国商务部.出口商品技术指南：山羊绒制品［EB/OL］.［2024-12-23］.http：//wms.mofcom.gov.cn/cms_files/filemanager/ckzn/upload/yangrzp2018.pdf.
3. 李茂娟，邹翠利.国元证券公司研究-鄂尔多斯（600295）中报点评：净利润增逾16倍，羊绒业务转型显成效［EB/OL］.（2010-08-26）［2024-12-23］.http：//www.gy-zq.com.cn/servlet/articleServlet？articleId=64352382.
4. 国务院关于同意内蒙古自治区撤销伊克昭盟设立地级鄂尔多斯市的批复［EB/OL］.（2001-02-26）［2024-12-23］.https：//www.gov.cn/gongbao/content/2001/content_60696.htm.
5. 刘宏君.鄂尔多斯：老品牌，新征程［N/OL］.（2018-11-09）［2024-12-23］.http://szb.northnews.cn/nmgrb/html/2018-11/09/content_11320_58694.htm.
6. Drizzie.深度｜鄂尔多斯将如何打造"羊绒帝国"？［EB/OL］.（2018-08-30）［2024-12-23］.https：//baijiahao.baidu.com/s?id=1610191007422479191&wfr=spider&for=pc.
7. 一根羊绒织就多彩世界［EB/OL］.（2022-08-09）［2024-12-23］.http：//www.texleader.com.cn/article/33088.html.
8. 齐菁.鄂尔多斯品牌升级：打造"羊绒时装"的新品类［EB/OL］.（2018-08-29）［2024-12-23］.https：//www.hbr-caijing.com/2018-0829/6569.html.
9. MUTHU S S.Fast fashion，fashion brands and sustainable consumption［M］.Heidelberger：Springer，2009.

10. 罗兰贝格．行动在即，共塑可持续时尚：中国时尚产业的可持续之路［EB/OL］．（2023-09-11）［2024-12-23］．https：//news. sohu. com/a/716791029_121640652.

11. 杨洁．可持续时尚商业模式研究：以 Klee Klee 品牌为例［J］．纺织导报，2018，（10）：49-52。

12. 黄莉玲．21世纪的真时尚：低碳、可持续［EB/OL］．（2019-12-26）［2024-12-23］．https：//news. un. org/zh/story/2019/12/1047951.

13. McKinsey & Company. The state of fashion 2022：global gains mask recovery pains［R/OL］．（2021-12-02）［2024-12-23］．https：//www. businessoffashion. com/reports/news-analysis/the-state-of-fashion-2022-industry-report-bof-mckinsey/.

14. TANSY H. Reliving the Rana plaza factory collapse：a history of cities in 50 buildings，day 22［EB/OL］．（2015）［2024-12-23］．https：//www. scirp. org/reference/referencespapers? referenceid=3324806.

15. R. I. S. E. 可持续时尚实验室．后疫情时代，聚焦中国可持续时尚消费人群［EB/OL］．（2020-10-13）［2024-12-23］．https：//www. sohu. com/a/424435411_650547.

16. R. I. S. E. 可持续时尚实验室．时尚行业可持续行动指南［EB/OL］．（2022-04-22）［2024-12-23］．https：//max. book118. com/html/2022/0504/5311340322004222. shtm.

17. 华丽志．中国品牌如何做好可持续产品？之禾、鄂尔多斯、雅莹交出了自己的答卷［EB/OL］．（2021-02-22）［2024-12-26］．https：//www. jiemian. com/article/5709017. html.

18. Edelman. 2020 Edelman trust barometer［R/OL］．（2020-01-19）［2024-12-26］．https：//www. edelman. com/trust/2020-trust-barometer.

19. 罗兰贝格，WWD. 行动在即，共塑可持续时尚：中国时尚产业的可持续之路［EB/OL］．（2022-06）［2024-12-26］．https：//news. qq. com/rain/a/20220704A01O7E00.

20. 可持续羊绒指南．（2019-03-12）［2024-12-26］．https：//v. qq. com/x/page/r08485zxz1r. html.

21. ELLE. 善待世界 ERDOS 2020「善」主题发布会于上海举办 代言人华晨宇出席［EB/OL］．（2021-12-22）［2024-12-26］．https：//www. ellechina. com/fashion/news/a34389355/erdos-2020/.

22. ELLE. 鄂尔多斯举办 2022 春夏系列联合预览［EB/OL］．（2021-12-22）［2024-12-26］．https：//www. ellechina. com/fashion/news/a38598144/erdos-group-preview-2022-spring-summer/.

23. ELLE. ERDOS×独立设计师丨"中国设计的温暖凝视"[EB/OL].(2019-09-20)[2024-12-26].https://www.sohu.com/a/342245382_120012874.

24. KATHERINE W,DAVID J H,RISHAD H.The elusive green consumer[EB/OL].(2019-07)[2024-12-26].https://hbr.org/2019/07/the-elusive-green-consumer.

25. CLAUDIA D,et al.How brands can embrace the sustainable fashion opportunity[EB/OL].(2022-10-21)[2024-12-26].https://www.bain.com/insights/how-brands-can-embrace-the-sustainable-fashion-opportunity/.

26. 鄂尔多斯王臻：40年相随相伴，羊绒早已融入血液！[EB/OL].(2022-04-14)[2024-12-26].http://www.taweekly.com/zx/xygz/202204/t20220414_4243302.html.

梅赛德斯-奔驰在中国"商责并举"的可持续发展*

张闫龙、姜万军、齐菁

创作者说

企业社会责任与可持续发展已成为当今企业不可或缺的核心议题。自1995年梅赛德斯-奔驰集团股份公司（以下简称"梅赛德斯-奔驰"）在中国设立北京办公室以来，公司便致力于探索在中国履行企业责任、推动可持续发展的实践之路。从与联合国教科文组织合作保护大熊猫栖息地，到与中国青少年发展基金会携手创立梅赛德斯-奔驰星愿基金（以下简称"星愿基金"），梅赛德斯-奔驰的公益理念不断深化，从"自然之道"延伸至"人文之道"，并进一步提出"商责并举"的可持续发展战略。

跨国企业在新兴市场环境的适应过程中会面临诸多挑战，例如激烈的市场竞争、消费者需求的多元化、技术创新的需求、环境责任与法规遵从、社会责任与本土化融合、政策适应性、文化差异与沟通、供应链的高效管理、品牌定位与市场策略的精准制定等。面对这些跨国企业面临的共同挑战，梅赛德斯-奔驰需要找到适合自己的可持续发展战略，包括ESG切入点、战略落地路径、商责如何并举等。本案例有助于读者了解跨国企业在全球化与本土化融合的复杂市场环境中，如何有效构建和执行ESG的基本方法和实践路径，以及如何将ESG目标与商业逻辑相结合。

---

* 本案例纳入北京大学管理案例库的时间为2023年12月29日。

2023年4月17日，梅赛德斯-迈巴赫品牌的首款量产纯电车型——全新梅赛德斯-迈巴赫EQS纯电SUV在上海车展前夕的奔驰品牌之夜进行了全球首发。除这项重磅发布之外，此次车展梅赛德斯-奔驰还携旗下梅赛德斯-奔驰、梅赛德斯-EQ、梅赛德斯-迈巴赫、梅赛德斯-AMG、G级越野车全品牌27款车型亮相，其中5款新车是中国首秀。

车展前，在接受新华社记者采访时，梅赛德斯-奔驰董事会主席康林松（Ola Källenius）表示："中国是梅赛德斯-迈巴赫品牌的最大市场。我们选择在中国的车展上全球首发这款车，并不是巧合，而是我们精心准备的。对梅赛德斯-奔驰来说，中国是真正检验汽车行业前沿优势的市场之一。"[1]

的确，对于任何汽车生产商来说，中国市场如今已经是不容忽视的必争之地。数据显示，截至2022年，中国汽车产量2 702.1万辆、销量2 686.4万辆，汽车产销总量已经连续14年稳居全球第一。[1]更大的市场，意味着更大的责任。对于梅赛德斯-奔驰而言，从1995年建立北京办公室开始，企业社会责任目标就与商业目标的实现相伴而行，助力梅赛德斯-奔驰克服外国品牌在中国市场水土不服的问题，市场表现优秀。然而，梅赛德斯-奔驰在中国的发展道路也经历了起起伏伏，早些年经历了德企BBA品牌（奔驰、宝马、奥迪）三强鼎立的年代；而今又面临着众多中外新势力品牌来势汹汹、群雄逐鹿的新挑战。

2023年5月1日，上海车展一周之后，时任北京梅赛德斯-奔驰销售服务有限公司（以下简称"奔驰销售公司"）总裁兼首席执行官杨铭（Jan Madeja）结束了他在中国市场近四年的任期，返回德国总部就任新职；销售与市场营销首席运营官段建军接任奔驰销售公司总裁兼首席执行官，成为首位担任奔驰中国掌门人的本土人士。

如今，中国是梅赛德斯-奔驰实现可持续发展战略"2039愿景"的重要市场之一，梅赛德斯-奔驰在中国也提出了"商责并举"的可持续发展理念。面对这个全球最大的汽车市场上激烈的竞争和不同时代的消费者，以及从燃油车时代向新能源车时代转型的大背景，梅赛德斯-奔驰这个发明汽车的品牌还能否继续保持领先？如何实现可持续发展？如何重新定义豪华?其全面电动化的转型是否足够快、足够好?这些都是摆在段建军面前亟待解决的问题。

一、梅赛德斯-奔驰及其在中国

来自德国的梅赛德斯-奔驰品牌被认为是世界上最成功的高档汽车品牌之一,其过硬的技术和质量、高品质的设计、持续推陈出新的创新能力以及三叉星徽的品牌标志在喜爱汽车的人们心中占据重要地位。

梅赛德斯-奔驰最初的创立离不开三位现代汽车工业的先驱:戈特利布·戴姆勒(Gottlieb Daimler)、卡尔·奔驰(Carl Benz)、威廉·迈巴赫(Wilhelm Maybach)。1886年1月29日,卡尔·奔驰凭借"搭载汽油发动机的汽车"获得专利,这一天被公认为世界汽车诞生日。当时,戴姆勒和奔驰各有自己的公司和品牌,且竞争激烈。1926年6月,在德意志银行的主导下,全球两家历史最悠久的汽车制造商合并,戴姆勒-奔驰股份公司成立。在百余年的发展过程中,根据业务需求,公司进行过多次拆分合并。2022年2月1日,戴姆勒-奔驰股份公司正式更名为梅赛德斯-奔驰集团股份公司,戴姆勒卡车及客车独立后于2021年12月20日在法兰克福证券交易市场上市,梅赛德斯-奔驰则集中在乘用车和轻型商务车领域。最新一次的拆分再次促进了梅赛德斯-奔驰强劲的业务表现,2022财年,集团销售营业额1 500亿欧元,同比增长12%(见图1);乘用车销量2 040 719辆,其中纯电动型总销量149 227辆,同比增长67%;轻型商务车总销量415 344辆,其中电动商务车总销量15 000辆。[2]

早在20世纪,梅赛德斯-奔驰就与中国市场有过密切接触。1913年,德国商人弗朗茨·奥斯特(Franz Oster)首次将梅赛德斯-奔驰汽车带入中国。1986年,梅赛德斯-奔驰(中国)有限公司在香港成立。1995年,戴姆勒-奔驰在北京设立代表处。2003年,梅赛德斯-奔驰与北汽集团建立长期战略合作伙伴关系,开启了梅赛德斯-奔驰与中国本土伙伴合作的历程。2013年,北京梅赛德斯-奔驰销售服务有限公司成立,将梅赛德斯-奔驰国产车与进口车的销售和服务相关职能整合,实现统一管理。

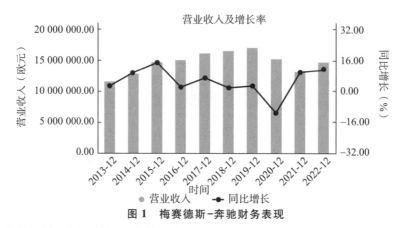

图 1 梅赛德斯-奔驰财务表现

资料来源：企业财报，万得数据库。

如今，奔驰在中国市场的业务已覆盖研发、采购、生产、销售、售后和汽车金融服务的全产业链。在研发方面，梅赛德斯-奔驰在中国拥有德国以外最全面的研发网络，并致力于"汲中国灵感，为全球创新"，北京和上海的研发技术中心分别于2021年和2022年投入使用，聚焦工程开发和测试，以及汽车软件和数字化转型，梅赛德斯-奔驰还与腾讯云计算合作在华研发自动驾驶系统。在生产方面，中德合资企业北京奔驰已成为梅赛德斯-奔驰乘用车全球生产网络中最大的生产基地。在客户体验方面，2023年4月，在G级越野车的诞生地奥地利格拉茨之外的首家体验中心落户浙江绍兴。在业绩表现方面，2022年，中国仍是梅赛德斯-奔驰乘用车最主要的销售市场，新车销量75.39万辆，在总销量中占比达到37%（见图2）。

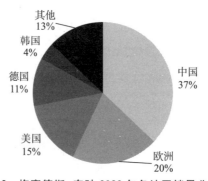

图 2 梅赛德斯-奔驰2022年各地区销量分布

资料来源：梅赛德斯-奔驰集团年报，[EB/OL].[2024-12-26]. https：//baijiahao. baidu.com/s?id=1760415 693737767556&wfr=spider&for=pc。

二、中国的汽车市场特征及发展趋势

中国汽车产业起步晚，1956年7月13日第一辆解放牌汽车下线，标志着中国开始制造汽车。后续一批国有汽车企业诞生，但发展相对缓慢。改革开放后，奔驰、丰田、通用等国外汽车企业纷纷到中国寻求合作，中外汽车企业开始进入合资合作的阶段，民营自主品牌汽车企业也开始起步。2001年中国加入世界贸易组织后，汽车产业实现井喷式发展。2009年起，中国超越美国成为世界第一汽车产销大国，汽车产业全球化趋势也在不断向纵深发展。

如今，中国的汽车市场呈以下特征及发展趋势：

第一，市场规模大、发展韧性强，头部企业强势，新势力不断入场。尽管疫情对汽车产业影响重大，但中国的汽车产销量依然连续14年稳居全球第一。在购置税减半等一系列稳增长、促消费政策的有效拉动下，2022年，中国汽车市场在逆境下整体复苏向好，实现正增长，汽车销量排名前十位的汽车生产企业共销售2 314.8万辆，占汽车销售总量的86.2%。这十家汽车生产企业分别为：上汽集团、中国一汽、东风集团、广汽集团、长安汽车、比亚迪、北汽集团、吉利控股集团、奇瑞汽车、长城汽车。[3]同时，以蔚来、小鹏、理想、哪吒为代表的造车新势力也开始逐渐实现量产。

第二，汽车新四化"电动化、网联化、智能化、共享化"带动新能源汽车迅猛发展。如今，全球主要国家和地区已经形成大力发展新能源汽车的共识，并从资本市场、企业投资重心、国家产业政策等多维度推进新能源汽车的发展（见图3）。[2] 2015年"十三五"规划收官之际，中国各大汽车厂商提出新四化。目前，中国在新能源汽车产业链和生态圈方面积累了较强的优势，成为参与汽车产业全球化的重要力量。2022年9月，财政部、税务总局、工业和信息化部联合发布《关于延续新能源汽车免征车辆购置税政策的公告》，延长新能源汽车免征购置税期限至2023年12月31日。这一政策对新能源汽车消费拉动力强，2022年，新能源汽车产销分别达到

705.8万辆和688.7万辆，同比分别增长96.9%和93.4%。[4]

	2023E	2025E	2030E	2035E	2040E	2050E	2060E
新能源占比规划 ·许多国家已制定新能源占比规划			中国内地 20% 马来西亚 31%	荷兰 25% 印度 50%	日本 36% 德国 80%	新加坡 31% 新西兰 100%	泰国 35%	菲律宾 50%	越南 25%~30% 美国 50%	日本 50% 中国内地 80%
绿色出行规划 ·主要汽车市场已制定内燃禁售时间表、EV占比目标规划				印度 EV占比30% 美国 EV占比50%	新西兰 EV占比 30%	中国内地 内燃禁售 欧盟 内燃禁售 泰国 内燃禁售	新加坡 内燃禁售 越南 内燃受限	印度尼西亚 内燃禁售	
TCFD强制披露 ·许多主要金融市场已强制上市公司披露	中国内地 计划上市公司强制 日本 上市公司强制	欧盟 强制披露 (CSRD) 新加坡 强制披露	美国 强制披露 英国 大型企业强制披露	中国香港 上市公司强制 马来西亚 上市公司强制				

图 3　全球 ESG 承诺及目标规划（2023E—2060E）

资料来源：普华永道 . 2030 年中国汽车行业趋势展望［EB/OL］.［2024-12-27］. https：//mp. weixin. qq. com/s/n2PSyjOMsVJCJ4iseY2SPw.

注：EV 即电动汽车；TCFD 即气候相关财务信息披露工作组；CSRD 即《公司可持续发展报告指令》。

第三，消费日趋个性化、行业创新场景频现、价值版图正在重构。随着国民经济的增长和消费水平的不断提高，中国消费者的购车需求和价值偏好更加多元化和个性化。同时，中国数字基础设施不断完善，人工智能、云计算、大数据、5G 通信、车联网等关键技术开始应用于汽车领域，新材料技术也在快速发展，汽车销售及服务行业内涵在不断延展并深化，智能驾驶、低碳出行、金融服务等需求及创新解决方案在逐步落地。此外，越来越多的跨界竞争者入局，汽车行业的价值板块正在重构，根据普华永道思略特的预估，未来中国汽车市场 80% 的增量价值将被车企创新先锋所拥有，仅 20% 的增量价值由传统企业瓜分。[2]

三、梅赛德斯-奔驰在全球的可持续发展布局

毫无疑问，转型与变革是梅赛德斯-奔驰近年来的主题。尤其是 2019 年，瑞典人康松林这位集团历史上首位非德国籍董事会主席上任以来，大

胆拥抱变革：发布"2039愿景"，即最晚到2039年，实现梅赛德斯-奔驰乘用车新车产品阵容全价值链碳中和（包括部分碳补偿机制），比《巴黎协定》制定的目标提前了10年；加速电动化转型，从"电动为先"到"全面电动"，目标是在2030年实现全面纯电动化；此外，重新定义豪华，围绕"豪华/创造向往之经济学"，将产品结构重新划分为"高端豪华""核心豪华""新生代豪华"三个标签更明显的矩阵。[4]

梅赛德斯-奔驰是较早发布可持续发展愿景和路径的汽车企业之一，明确指出将致力于以可持续的方式，满足日益增长的出行需求，为经济、生态环境和社会创造恒久价值。

（一）组织与机制

可持续发展的战略制定与执行在梅赛德斯-奔驰一直是一把手工程，是集团高管的重要工作之一。在集团层面设有可持续发展委员会，由首席运营官和负责诚信经营和法律事务的董事会成员作为联合主席，董事会其他成员作为委员，并下设可持续发展能力办公室，负责战略研究、报告发布、协调集团所有下属企业的战略执行等工作。2012年起，梅赛德斯-奔驰还设立了独立机构——诚信和企业责任咨询委员会，其中包括独立外部专家。该委员会在负责诚信经营和法律事务的董事会成员领导下每年举行三次会议，与公司的董事会、监事会、管理层和员工进行交流。[5]

梅赛德斯-奔驰至今已经连续十年发布年度《可持续发展报告》，保持在可持续发展领域研究、探索和实践的公开透明，确保战略将可持续性融入业务运营的方方面面，不仅符合法律规范，也满足金融市场、政府和全社会的期待。该报告的背后，是每年都会进行的可持续发展议题的实质性研究分析，通过由内向外（集团的商业活动对经济、环境和社会产生了哪些积极和消极作用？）和由外向内（可持续发展事务对于戴姆勒集团的商业发展、经营效益和企业状况有多大的影响？）的视角，分析当前的战略行动领域、基本情况和未来潜在的重要可持续发展问题和趋势。

（二）愿景与战略执行

根据《梅赛德斯-奔驰 2022 年可持续发展报告》，为实现"2039 愿景"，梅赛德斯-奔驰在全球范围内，以"诚信、人类共同体、合作伙伴关系"为驱动力，聚焦"气候保护和空气质量、资源保护、宜居城市、交通安全、数据责任、劳工权益"六大战略领域，开展可持续性行动，全方位推动绿色转型。

具体而言，在绿色生产方面，梅赛德斯-奔驰在生产能耗、使用二次原材料和可再生原材料、生产基地碳排放等方面持续投入。2022 年，梅赛德斯-奔驰全球生产基地二氧化碳排放量比 2021 年减少 43%，每辆乘用车生产耗能减少 17%，水消耗减少 10%。梅赛德斯-奔驰全球范围内自有工厂外部电力需求均 100% 地从可再生能源中获得。到 2030 年，乘用车使用二次原材料的平均比例达到 40%；所有车型只使用可持续生产加工的皮革。

在绿色产业链转型方面，2022 年，梅赛德斯-奔驰与近 86% 的原材料供应商签署"愿景承诺函"，其中承诺从 2039 年起只采购实现资产负债表碳中和的产品。宁德时代匈牙利碳中和工厂将为梅赛德斯-奔驰提供电芯，每个电芯碳排放量减少约 30%；梅赛德斯-奔驰德国库本海姆（电池回收）试点工厂将实现至少 96% 的电池回收率。梅赛德斯-奔驰与瑞典合作伙伴 H2GS、钢铁制造商 SSAB 建立零碳钢合作。

在产品升级方面，2022—2026 年，面向全面电动和软件驱动，梅赛德斯-奔驰计划投入超过 600 亿欧元。截至 2022 年年底，全球范围内 Mercedes me Charge 充电服务已整合超过 100 万个交流和直流电充电桩；接下来，梅赛德斯-奔驰将在包括中国在内的全球主要市场创建全球高功率充电网络。

在企业社会责任方面，梅赛德斯-奔驰致力于为员工提供健康安全的工作环境，注重多样化和公平的发展机会，稳步提高全球女性高管职位比例，力争在 2030 年占比达 30%。2022 年 5 月，梅赛德斯-奔驰以 1.35 亿欧元拍卖了经典老爷车系列中的稀世佳作 300 SLR Uhlenhaut Coupé，将收益作为全球奖学金项目的启动资金——为全球数千名青年提供能力培训和奖学金,支持他们在环境可持续和脱碳领域开展创新项目。

四、梅赛德斯-奔驰在中国可持续发展面临的挑战

梅赛德斯-奔驰从进入中国市场起就承载着来自消费者、合作伙伴和全社会的众多期待,与此同时,承担企业社会责任也是梅赛德斯-奔驰拉近与中国社会距离、开拓市场、深化合作的重要方法之一。作为一家外资企业,如何与中国社会和市场同频共振,成为其中不可或缺的一分子,是梅赛德斯-奔驰长久以来面临的课题。

目前梅赛德斯-奔驰在中国同样设立有可持续发展委员会和可持续发展能力办公室,秉承集团"2039愿景",梅赛德斯-奔驰在中国提出"商责并举"可持续发展理念。刚刚履新的梅赛德斯-奔驰中国首席执行官段建军表示,"梅赛德斯-奔驰在中国一直秉承'在华发展,与华共进'的理念,塑造最令人向往的豪华汽车及服务品牌,这就意味着'商'与'责'同等重要,既要践行可持续的发展之道,也要践行可持续的责任之道,二者相互依托联动、共生发展。"

梅赛德斯-奔驰于2007年正式开启在华公益之旅。为了让公益项目更科学、系统、合规、高效,2010年,星愿基金应运而生。作为开源性的公益平台,星愿基金由梅赛德斯-奔驰携手经销商伙伴与中国青少年发展基金会共同成立,与政府、国际组织、高校等多元伙伴紧密协作,深耕环境保护、文化艺术、驾驶文化、教育支持以及社会关爱"4+1"领域(见表1),持续体现公益的社会价值。正如北京梅赛德斯-奔驰销售服务有限公司高级执行副总裁兼星愿基金主席张焱所说的:"公益活动和企业社会责任本身就需要企业去提供平台、调动和激发更多的人,带动大家一起投入社会责任中,因此设立星愿基金是我们非常重要的一项举措。"

表 1 星愿基金"4+1"项目布局

领域	合作方	项目内容及成果
环境保护	联合国教科文组织、中国大熊猫保护和研究中心、中国绿色碳汇基金会、清华大学	2007 年,启动中国世界遗产地保护和管理项目,项目已与 14 处世界遗产地直接开展深度合作,覆盖中国 50 余处世界遗产地,并惠及 20 余万人 2021 年,响应"双碳"政策,开启大熊猫国家公园区域生态修复增汇项目 2022 年,进一步布局"碳中和"方向公益新实践,启动"助力碳中和:可持续发展创新行动" 2023 年,开展"可持续未来青年领导力"项目,培养未来"碳中和"气候领袖人才 2009 年起,与大熊猫保护与研究中心开展长期合作,先后认养三对大熊猫。2023 年,启动"岷山山系中段雪豹及伴生动物生物多样性调查"项目,聚焦大熊猫国家公园王朗片区雪豹生物多样性保护及生态保护。该项目标志着梅赛德斯-奔驰在原大熊猫保护与研究的基础上进一步建立起更完善的大熊猫多维生态保护体系
文化艺术	故宫博物院	2018 年起,以古建修缮、文物保护、传统文化教育、文化交流等领域作为重点,为故宫博物院的发展提供支持
文化艺术	敦煌研究院	2019 年起,重点支持敦煌学术研究、人才培训和周边环境保护项目,兼顾环境和文化的可持续发展。其中,敦煌研究院二期合作重要成果《丝路上的敦煌:儿童历史文化百科绘本》已发布
驾驶文化	中国青少年发展基金会	2012 年,梅赛德斯-奔驰将"安全童行"项目引入中国,开发本土化校本课程、开展培训等,推进儿童交通安全普及,截至 2023 年 8 月,项目已走进北京、上海、广州、成都等地的 210 所学校,开展 800 余场公益活动,培训近 2 000 名教师
教育支持	中国青少年发展基金会	启动快乐音乐教室项目、乡村心理健康提升计划及职教助学计划等项目,为不同年龄段学生提供奖学金资助、交流项目和职业发展机会,并重点关注偏远地区儿童的教育和全面发展需求

（续表）

领域	合作方	项目内容及成果
社会关爱		设立重大突发灾难捐助、小额立项等项目。2019年起，连续两年成为团中央全国青年社会组织"伙伴计划"独家公益合作伙伴，全力支持脱贫攻坚任务

资料来源：星愿基金内部资料。

（一）可持续的环境

21世纪以来，使用化石能源给地球带来的负担越来越重，环境议题在全球的重要性日益凸显。汽车行业作为能源消费的主要行业之一，在能源结构变革中承担着重要角色，越来越多的国家持续提高对汽车排放尾气的要求，支持新能源汽车的发展。尤其在中国，新能源汽车发展势头迅猛。梅赛德斯-奔驰如何在这样一个市场中承担环境责任？如何应对市场变化？如何面对本土造车新势力带来的挑战？

"汽车的生产制造和使用都会给环境带来不少压力，因此，环境领域也是梅赛德斯-奔驰承担社会责任会首先关注到的领域。"北京梅赛德斯-奔驰销售服务有限公司传播与市场营销总监、星愿基金管委会委员周娟回顾梅赛德斯-奔驰在中国做公益的起源时说道。那么，如何识别企业对于环境的责任，通过哪些方式来迎接环境方面的挑战，梅赛德斯-奔驰在中国进行了16年的持续探索。

2007年，梅赛德斯-奔驰携手联合国教科文组织启动"自然之道 奔驰之道"中国世界遗产地保护和管理项目，保护大熊猫栖息地生态环境，开启在华公益之旅。周娟说："国际品牌支持中国世界遗产地保护在当时是一个创举，那时我们一方面正在认识中国，同时希望与合作伙伴有更深的共鸣，因此选择了中国的国宝大熊猫。这个项目我们坚持至今，也延展到越来越多的世界遗产保护地。"梅赛德斯-奔驰的车主，也有机会加入"绿迹巡护团"，与奔驰星愿基金团队一起，在保护地巡护员的带领和专业指导下，深入保护地内部，进行巡护体验。这一专属体验平台颇受车主欢迎，在他们眼中，他们所拥有的奔驰不仅是一辆车，是守护者，是伙伴，更是车主们为了美好生活一路奔驰向前的见证者[6]。

随着对这些世界遗产保护地和当地居民的深入了解，梅赛德斯-奔驰持续深化和延展项目内涵。2012年雅安地震毁灭了大熊猫栖息地周围人们的生活家园，梅赛德斯-奔驰中国除捐款2 000万元支持灾后重建之外，也在思考如何帮助当地居民寻找更为可持续的生活生产方式。2017年，这个项目创新升级出中国世界遗产地可持续生计项目，因地制宜、帮助遗产地居民寻找更生态和谐的谋生方式；创新赋能，助力遗产地乡村振兴，反哺生态保护。截至2023年年底，项目已覆盖中国境内14处世界遗产地，间接惠及超过20万遗产地居民，并通过4个可持续生计活动①，力图实现遗产地生态保护与经济发展的有机平衡。

2022年，梅赛德斯-奔驰进一步布局"碳中和"方向公益新实践：除了启动"助力碳中和：可持续发展创新行动"，还在大熊猫国家公园开启生态修复增汇项目。梅赛德斯-奔驰基于在环境及生态保护领域15年的公益经验，从"山水人合之道"拓展到全人类更长远、更可持续的碳中和未来。

除了公益项目，解决环境问题更需要商业层面的解决方案。在可持续的商业发展方面，梅赛德斯-奔驰在中国全面布局绿色价值链、绿色生产、绿色产品、绿色零售、绿色运营及绿色金融。时任北京奔驰汽车有限公司总裁兼首席执行官、奔驰中国可持续发展办公室高管顾问方铭博（Arno van der Merwe）表示，"北京奔驰是奔驰乘用车全球规模最大的生产基地，2021年我们正式成立了'碳中和'委员会，制定了'迈向碳中和'的四步行动计划，包括减少碳排放总量、提高内部生产的绿色能源比例、通过购买绿色电力抵消生产过程中的碳排放、参与碳抵消项目。为协调推进绿色供

---

① 这4个可持续生计活动为：四川大熊猫栖息地世界遗产地雅安和卧龙片区熊猫大使项目、中国丹霞赤水世界自然遗产地竹乡碳计项目、中国南方喀斯特世界遗产地石林石上彝绣项目、贵州梵净山世界自然遗产地苗绣兴乡项目。

应链管理,我们成立了专门的领导小组,并制定了《绿色采购指南》,优先选择环境管理合规、规范的供应商,同时为供应商提供环保培训。2021年有两家供应商通过国家绿色工厂认证,并且供应商环保培训覆盖率达到100%"。

在绿色价值链领域,北京奔驰与宝钢股份打造绿色钢铁供应链;与宁德时代、邦普循环、格林美开展动力电池闭环回收项目。在绿色生产领域,北京奔驰拥有梅赛德斯-奔驰全球规模最大的光伏项目之一,预计到2025年,光伏发电可满足北京奔驰约20%的生产能源需求,年光伏发电容量约9 000万千瓦时。在绿色产品领域,至2023年年底,梅赛德斯-奔驰在中国的新能源产品将全面覆盖新生代豪华、核心豪华和高端豪华等细分市场。在绿色零售领域,梅赛德斯-奔驰出台了超过50项可持续发展指导措施,并对经销商的相关成果进行认证,以进一步激发其积极性,越来越多经销商店采用空气源热泵、屋面绿化、水循环使用、屋顶太阳能光伏发电等举措,为节能减排贡献力量,陕西华星锦业成为首家绿色零售示范店;同时,奔驰中国还积极推动梅赛德斯-EQ经销商专门人员的培训认证,通过多种数字化解决方案提升经销商运营效率。在绿色运营领域,奔驰中国采用合同无纸化,一年可节省超20万张纸。在绿色金融领域,梅赛德斯-奔驰国际财务有限公司于2022年11月24日在中国银行间市场交易商协会成功发行首只绿色熊猫债券,成为首家在华发行绿色熊猫债券的汽车企业。

(二)可持续的社会发展

除了义不容辞地承担环境责任,企业也是社会中重要的一分子,尤其是掌握多样资源、能力和人才的大型企业。而作为跨国企业,梅赛德斯-奔驰如何在海外市场恰当地融入当地的社会和文化?选择参与并赋能哪些社会议题?如何共享企业的资源和能力?如何发挥影响力?梅赛德斯-奔驰在承担社会责任时对于这些问题也需要认真思考。

交通安全也是与汽车行业密切相关的责任领域。梅赛德斯-奔驰是首批关注到儿童交通安全的汽车企业，1992 年就将这一理念转化为公益项目进行推广。2012 年，梅赛德斯-奔驰携手公益伙伴率先将全球最早、影响范围最广的儿童道路安全项目引入中国，并将其命名为"安全童行"，向校园输送适配国内道路环境的道路安全知识校本课程；为教师提供专业的交流平台进行赋能培训；研发互动教具、线上课程、有声书、VR（虚拟现实）游戏等，倡导沉浸式安全教育。2021 年，该项目支持了"开学安全第一课——'知危险 会避险'交通安全体验课"线上直播，总播放量逾 3 000万。2022 年，发布《中国儿童交通安全蓝皮书系列：城市小学生交通安全现状、问题及解决方案研究报告》。截至 2023 年 8 月，"安全童行"项目已走进北京、上海、广州、成都等地的 210 所合作学校，开展 800 余场安全公益活动，并培训近 2 000 名教师。同时，奔驰经销商店社区公益也开展"安全童行"的相关活动，实现了道路安全教育从校园到社区的全面覆盖与深化（见图 4）。星愿基金基于项目打造"益堂安全课"公益资源包，资源包内包括活动建议、素材设计、资源分享、传播指导等内容，资源包提供给经销商，并且鼓励经销商发挥当地特色和门店优势，在社区定期开展安全知识科普类活动，既为孩子带去了安全知识，也在公众心中塑造了一个温暖且专业的品牌形象，提升了品牌声誉。

图 4　梅赛德斯-奔驰某经销商举办"安全童行"活动

资料来源：梅赛德斯-奔驰内部资料。

作为令人向往的高端汽车品牌，梅赛德斯-奔驰在全球都关注且支持着文化艺术领域的发展，在中国亦是如此。2008年，国家大剧院落成，梅赛德斯-奔驰成为其首席赞助伙伴，并延续至今。2011年，梅赛德斯-奔驰正式冠名2010年上海世界博览会期间建造的场馆，并将其改造为梅赛德斯-奔驰文化中心。

从赞助行为出发，梅赛德斯-奔驰在中国对文化艺术领域的关注也在星愿基金的平台上形成了更为专业和系统的"人文之道"，其中包括与故宫博物院和北京故宫文物保护基金会、敦煌研究院和中国敦煌石窟保护研究基金会达成公益合作，针对古建修缮、文物保护、中华传统文化研究、青少年传统文化教育设置具体项目。同时，项目成果也会开发为经销商店社区公益基地的资源包。例如，2021年，敦煌项目的合作重要成果《丝路上的敦煌：儿童历史文化百科绘本》成功出版。基于这一绘本，星愿基金推出了"童心探境 奇彩敦煌绘本读书会"资源包，将绘本部分内容融于活动建议之中，鼓励经销商带领当地少年儿童，通过换装体验、绘画拼图、情景演绎等方式，穿越敦煌，领略文化之美。资源包分享当月，即有6家经销商开展了这一活动。

除了传承在全球承担社会责任的优秀思路，梅赛德斯-奔驰在中国的关注议题选择其实更加本土化。梅赛德斯-奔驰表示在做公益的时候希望能做到与中国社会同频共振。同时始终提醒自己，社会发展议题的主角并不是梅赛德斯-奔驰品牌，而是要让真正困难的人群获益。这也意味着在议题选择上，中国并不需要与全球完全一致。

在中国，梅赛德斯-奔驰承担社会责任的关注点从"自然之道"延伸至"人文之道"，在环境保护、驾驶文化、教育支持、文化艺术以及社会关爱"4+1"领域持续深耕，积极响应社会议题，诠释责任之道。其中，社会关爱是星愿基金公益唯一没有常规项目计划、相对灵活的公益领域，在地震、洪水等自然灾害出现、新冠疫情暴发，以及中国消除贫困方面都提供资金、物资等多方面的支持。

（三）可持续的治理

在海外市场，企业理解并遵守当地法律法规对于控制经营风险、可持续经营分外重要。公益慈善法属于社会法，有很强的地域性，各国规定有较大区别。如今，外企在中国做公益可以通过以下三种方式：企业直接资助中国慈善组织开展项目、设立专项基金或慈善信托，以及设立公益组织实体。然而，在梅赛德斯-奔驰刚刚进入中国的时期，中国的慈善公益发展也尚在初期，《中华人民共和国慈善法》尚未推出。做公益慈善出发点虽好，但过程中也会出现各种问题，如果处理不好，不仅不利于解决社会问题，还有可能对企业和品牌本身造成伤害。如何在有限的条件下创造性地深入参与中国的公益慈善，在合规和机制设计方面充满挑战。

（四）星愿基金

2010年6月，为了更加科学、系统、高效地践行企业社会责任，梅赛德斯-奔驰及其经销商合作伙伴和中国青少年发展基金会三方力量共同设立"中国青少年发展基金会梅赛德斯-奔驰星愿基金"。星愿基金的启动资金为3 000万元，是当时梅赛德斯-奔驰在全球范围内启动资金最多的综合性公益事业基金。经过十余载的成长与积淀，梅赛德斯-奔驰星愿基金已经发展成为管理科学、高效、合规的开放性公益平台，汇聚了公益合作伙伴、公益项目受益人、经销商、客户、员工、社会关爱人士六大参与方，共同践行社会责任。截至2022年年底，梅赛德斯-奔驰在华累计公益投入逾3.2亿元。

星愿基金是践行多种可持续责任的主体，其组织架构和运作方式颇具代表性。国际品牌、本地经销商和本土基金会是三大发起方。同时，星愿基金还汇聚了公益合作伙伴、公益项目受益人、经销商、客户、员工、社会关爱人士、媒体七大参与方，共同践行社会责任。

在组织架构方面，星愿基金设有管理委员会，由北京梅赛德斯-奔驰销售服务有限公司高级执行副总裁张焱出任主席，副主席则由梅赛德斯-奔驰和中国青少年发展基金会各派一名担任,委员成员则包含了三方成员,见图5。星愿基金会委员周娟也提道:"中国青少年发展基金会对于我们来说不只是满足法律法规要求的合作伙伴,更是这家德国企业洞悉中国社会发展议程的重要合作伙伴。我们平常工作中注重'不喧宾夺主,不袖手旁边'的原则,尊重专业人士,充分发挥他们专业的力量。"

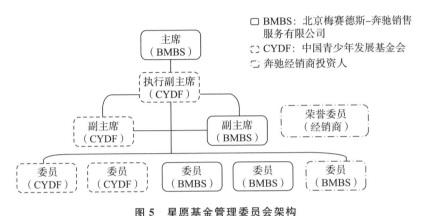

图5 星愿基金管理委员会架构

资料来源:星愿基金内部资料。

在日常运行方面,通常情况下,星愿基金管理委员会一年会举行几次会议,比较重要的是年末进行的上一年度各项目总结和下一年度项目确认,年中进行的项目进展的更新,如果有重大突发灾难事件,也会立刻召集会议迅速决策。每个季度,星愿基金会在其微信公众号以及"奔驰星闻"(梅赛德斯-奔驰官方新闻号)上发布《季度工作报告》,向各方通报项目运营情况。

此外,星愿基金逐步完善了《工作指南》《基金管理章程》《重大突发灾难捐助项目管理办法和工作流程》等制度性文件,整个基金的运作方式和规范成为中国青少年发展基金会内部主推的优秀典范,其中许多流程和制度都颇具亮点。例如,公益项目的立项申请、审批、执行和监督有着严格的流程要求(见图6),供应商选择至少要组织三家进行比价且要制定服务验收标准,基金会的财务可接受第三方审计,甚至对于召开会议需要基金主席至少提前7天发出书面通知都做出了明确要求。

| 可持续发展：生态文明的构建

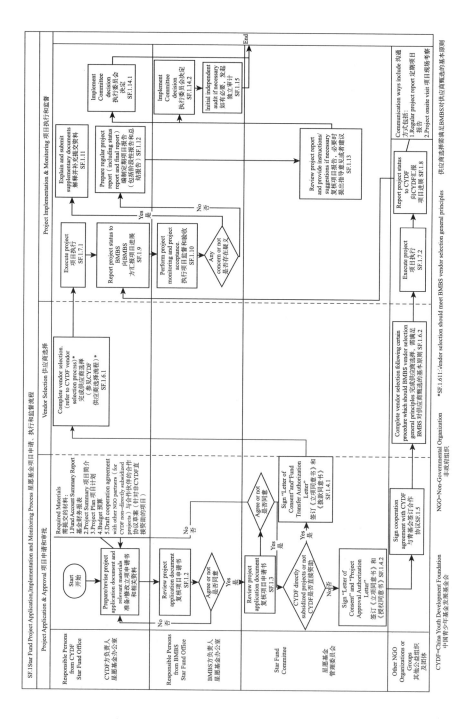

图6 星愿基金项目执行、申请、监督流程

资料来源：星愿基金《工作指南》。

(五）梅赛德斯-奔驰经销商星愿基金社区公益基地

梅赛德斯-奔驰在中国的销售主要由经销商体系来完成，因此，经销商也是梅赛德斯-奔驰在中国"商责并举"可持续发展的重要一环。除了在"商"的方面梅赛德斯-奔驰携手经销商打造绿色零售，在"责"的方面，2019年，梅赛德斯-奔驰全网授权经销商全面升级为"星愿基金社区公益基地"，以全国近600家经销商店为原点，辐射当地社区，开展多元化、个性化、专业化的公益活动，助力经销商合作伙伴树立有温暖的品牌形象。截至2023年第二季度，各经销商店已经组织客户开展了超2 200场相关公益活动，超13万人次参与其中。

张焱表示："可持续发展是大势所趋，我们携手经销商伙伴共同理解国家"双碳"目标号召和行业变化，一起洞察市场和客户对于可持续绿色产品的需求，探讨可持续发展在经销商层面的方向和方案，通过可持续产品和服务的塑造、持续的公益投入，引起客户对可持续品牌价值的认可和共鸣，进而向往并选择梅赛德斯-奔驰品牌。通过梅赛德斯-奔驰在公益资源、激励机制及品牌势能层面的助力，经销商合作伙伴在商业价值实现的基础上，能够更好地理解可持续的内涵及其对商业发展的助推作用，进而更好地投入践行社会价值。"

星愿基金定期与经销商分享涵盖传统文化、环境保护、生物多样性、安全童行、敬老爱幼等多主题公益活动资源包并实时更新。目前已提供近20个不同主题资源包，持续为公益基地赋能，与经销商伙伴共享项目理念、项目活动及产出成果。此外，梅赛德斯-奔驰还根据数字化时代的特点，创新公益实践方式，依托中国志愿服务联合会"志愿云"平台，注册"梅赛德斯-奔驰星愿益家人"志愿团体。通过权威平台定期发起小而美的公益项目，直面热心公益的员工、媒体、经销商伙伴和客户，让他们可以不受时间、空间的限制，以更便捷的方式持续参与公益活动，融公益于日常，行善举为习惯；通过志愿服务平台认证的志愿小时数记录下点滴善举，让公益足迹看得见、被认可。

五、面向未来

今天,在中国,任何一个对梅赛德斯-奔驰的产品、服务和活动感兴趣的人,都可以走进任何城市的梅赛德斯-奔驰经销商门店听训练有素的销售人员为你讲解多款可供选择的最新纯电动乘用车,抑或通过各种社交媒体了解星愿基金的最新动态,还能参与经销商门店的多种公益活动。然而最终,有多少人能够认同梅赛德斯-奔驰的理念,在梅赛德斯-奔驰大家族找到归属感,并愿意成为梅赛德斯-奔驰的长期客户,仍然是梅赛德斯-奔驰在华需要持续耕耘的课题,也是企业所秉持的长期主义。

上海车展的梅赛德斯-奔驰之夜是段建军首次作为奔驰中国的掌门人在公众面前亮相,他说:"面对电动汽车市场弥漫的硝烟,我们不会丢掉初心,而会拥抱百家争鸣;不会尊己卑人,而会更加敬畏谦逊;更不会随波逐流,因为我们相信时间才会是最好的证明。"的确,对于刚刚接过奔驰中国指挥棒的段建军来说,一切都刚刚开始。

参考文献

1. 新华社. 全球连线 | "在华发展,与华共进"[EB/OL].(2023-03-27)[2024-12-30]. https://baijiahao.baidu.com/s?id=1761511593596550428&wfr=spider&for=pc.

2. 中商产业. 2023年全球及中国汽车行业市场现状及发展前景研究报告[EB/OL].(2023-03-21)[2024-12-30]. https://mp.weixin.qq.com/s/aB_MmNF8ligot6BM0drpLw.

3. 刘兆国. 中国汽车企业履行社会责任的机制及模式构建[M]//刘兆国. 发达国家汽车企业社会责任研究. 北京:社会科学文献出版社,2020:266-281.

4. 普华永道.【车瞻】2030年中国汽车行业趋势展望[EB/OL].(2023-04-10)[2024-12-31]. https://mp.weixin.qq.com/s/n2PSyjOMsVJCJ4iseY2SPw.

5. 出色WSJ中文版. 专访奔驰全球CEO:我们非常渴望积极地推动这场转型[EB/OL].(2022-12-26)[2024-12-31]. https://www.dongchedi.com/article/7181327322262438458.

6. High-end Life. 守护心中天地 | 越爱,越奔驰[EB/OL].(2023-06-03)[2024-12-31]. https://mp.weixin.qq.com/s/tBdzyWVNjtTUUs-uPdZVeA.

龙源碳资产管理实践*

滕飞、张峥、卢瑞昌、齐菁、王卓

🗣 创作者说

在中国大力推动"碳达峰、碳中和"目标背景下，中国碳市场快速发展，碳资产管理对于企业（特别是控排企业）的重要性愈加显现。碳资产管理行业也因此得以快速发展。国家能源投资集团有限责任公司（以下简称"国家能源集团"）全资子公司龙源（北京）碳资产管理技术有限公司（以下简称"龙源碳资产"），作为集团进行碳资产管理的核心力量，构建了"四统一"碳资产管理模式，即统一管理、统一核算、统一开发、统一交易，并进行了多方位碳资产管理的业务探索，有效提升了碳资产的管理效率和市场竞争力。本案例详细描述了碳资产管理相关背景、龙源碳资产的系列管理实践，对目前碳市场建设面临的挑战进行了多维度分析，并提出了一些建议。

通过龙源碳资产管理的实践可以看出，发挥碳市场机制在促进企业减排和提高碳资产价值方面至关重要。但这需要企业在碳资产管理中关注政策动向，加强内部管理，提升数据准确性。同时，龙源碳资产的创新实践，如数字化管控和碳金融产品开发，为行业提供了新的发展路径，鼓励企业在碳资产管理上进行创新探索，以适应不断变化的市场需求和政策环境。

---

* 本案例纳入北京大学管理案例库的时间为 2023 年 12 月 28 日。

2021年7月16日，全国碳排放权交易市场在上海环境能源交易所正式开市，国家能源集团的四家火电企业参与，完成全国碳市场交易第一单。全国碳市场首日交易碳配额25万吨。从2011年开启地方性碳市场试点，到2021年全国碳市场正式开市，第一单交易的完成标志着中国碳市场迈向新的台阶。

完成这一具有历史意义交易的龙源碳资产成立于2008年，历经清洁发展机制（Clean Development Mechanism，CDM）交易、中国核证自愿减排量（China Certified Emission Reduction，CCER）交易、中国碳市场试点和全国碳市场开市交易，见证了中国碳市场从0到1的发展全过程，逐步形成控排企业碳盘查、碳管理、碳交易和履约服务、减排项目开发与交易、科技创新等完整的业务矩阵，是中国成立最早、行业水平领先的专业化碳资产管理公司之一。

随着国家"双碳"目标的深入推进，碳资产行业受到前所未有的关注，行业竞争开始加剧。作为碳资产管理行业的一名老兵，龙源碳资产不能停下发展的脚步，需持续对一些问题保持前瞻性思考。作为国家能源集团碳资产管理的核心力量，龙源碳资产在碳盘查和碳交易领域依然有许多专业性课题需要深耕。与此同时，作为一家公司，面对行业竞争，龙源碳资产也需要考虑如何将业务领域向碳资产管理产业链上下游延伸。面对团队和资源有限、政策亟待明晰的现状，龙源碳资产该如何走出一条适合自己的发展道路？

一、碳资产管理

（一）碳定价

研究表明，2011年至2020年全球地表温度比工业革命时期上升了1.09℃，其中约1.07℃的增温是人类活动（如工业生产、交通运输等活动会排放温室气体）造成的[1]。气候变暖对地球生态影响巨大，特别是海洋、冰盖和全球海平面发生的变化，在千年尺度上是不可逆的。气候灾害并发的概率也在增加。[1]为了将人为引起的全球变暖限制在特定水平，就要降低二氧化碳和其他温室气体排放。由于二氧化碳占温室气体排放的77%，"碳排放"也成为温室气体排放的简称。

一些主要国家或地区通过制度性设计来控制和降低碳排放。其中，最重要的制度设计是碳定价政策，即为碳排放量定价。碳定价机制①包括财税政策（如碳税、能源税）和市场化手段（碳排放权交易机制）。

本案例聚焦于碳定价机制的市场化手段——碳排放权交易机制。碳交易制度的类型很多，其中最重要的就是基于总量控制和交易的强制碳市场交易以及基于碳信用的自愿碳减排市场交易。在强制碳市场中，政府设定一定时期内的排放限额指标并将其分配给控排企业，企业碳排放总量超过指标则需要去市场上购买短缺的额度，未超过指标则可以出售富余的额度，这种具有交易价值的指标叫作"配额"，属于配额碳资产。自愿碳减排市场中，非控排企业通过节能技改或投资可再生能源项目等方式减少碳排放，并成功申请减排项目备案，获得核证减排量之后，这些减排量可以在碳交易市场中向控排企业出售，用于弥补控排企业短缺的排放指标，或者用于企业碳中和，这些减排量属于减排碳资产。

（二）国际碳市场发展

1997年《京都议定书》条约通过，构建起应对气候变化的国际制度框架。该议定书强制要求发达国家减排，具有法律约束力，并且建立了三个灵活合作机制——国际排放贸易机制②、联合履行机制③和清洁发展机制④。

---

① 碳定价机制是指确定温室气体排放者应该为排放一定量的温室气体的权利支付多少费用，这一机制能纠正具有负外部性的经济行为，把碳排放造成的环境破坏和损失转回给有责任、有能力减排的相关方。

② 发达国家缔约国之间相互交易碳排放额度。

③ 发达国家通过项目级的合作，其所实现的减排单位可以转让给另一发达国家缔约方，但是转让的同时必须在转让方的"分配数量"配额上扣减相应的额度。

④ 发达国家缔约国在非缔约国实施有利于非缔约国可持续发展的减排项目，从而减少温室气体排放量，以履行缔约国所承诺的限排或减排义务。

2005年《京都议定书》正式生效,碳排放权也成为国际商品。碳排放权交易(简称碳交易)市场开始快速发展起来。碳排放权交易体系包括几个关键要素:减排目标与总量设定、配额分配、履约与强制措施、交易制度、排放交易市场监督等。

截至2022年12月末,全球已建立34个碳排放权交易市场,几乎覆盖全球三分之一的人口、55%的国内生产总值(GDP)总量以及17%的全球温室气体排放。[2]比较具有影响力的碳排放权交易市场是欧盟碳排放权交易市场(见附录1)、美国加州碳排放权交易市场、新西兰碳排放权交易市场等。

(三) 中国碳市场发展概况

作为全球最大的发展中国家,中国积极且深度参与全球环境治理,于1998年签署《京都议定书》,2016年签署《巴黎协定》。2020年,中国正式提出"力争在2030年前实现碳达峰,2060年前实现碳中和"的双碳目标。在这样的大背景下,中国碳市场大致经历了三个发展阶段:2004—2012年参与国际清洁发展机制项目;2011—2017年开展碳排放权交易试点;2017年至今建立全国统一碳排放市场(见附录2)。

2021年7月16日,全国碳市场开始交易(见附录3),年度覆盖二氧化碳排放量约45亿吨,成为全球覆盖碳排放量最大的碳市场。[3]上海环境能源交易所是全国碳排放权交易系统建设和运营机构。第一个履约周期(2021年1月1日至2021年12月31日,完成2019年和2020年度的配额清缴)以发电行业为首个重点行业,碳配额累计成交量1.79亿吨,累计成交额为76.61亿元,成交均价为42.85元/吨。[3]第二个履约周期(2023年1月1日至2023年12月31日,完成2021年度和2022年度的配额清缴)配额大幅收紧。后续石化、化工、建材、钢铁、有色、造纸和航空等其他七个高排放行业也将逐步纳入,预计会有7 000余家控排主体,温室气体年总排放规模达到80亿吨,成为全球最大的碳市场。[4]

(四) 中国碳资产管理行业概况

碳交易给控排企业带来额外的碳排放成本，增加企业的财务负担和管理压力，但与此同时，通过管理碳排放企业也有较大的降本增效空间。随着碳市场的发展，碳资产管理这项业务逐步得到企业的重视。全国碳排放权注册登记机构问卷调查显示，第一个履约周期后，超过80%的重点排放单位设置了专职人员负责企业碳资产管理，其中约15%的重点排放单位成立了10人以上的碳资产管理团队。[3]

碳资产管理的业务板块可细分为碳排放核算、碳交易、碳金融、环境权益项目开发和碳管理咨询等（见附录4）。业务涵盖领域既有全产业链，也有局部领域。

从组织架构方面看，碳资产管理模式可以分为四种。第一种模式是由集团企业在集团层面成立碳资产管理部门。例如英国石油公司（British Petroleum，BP）在集团层面成立综合供应和交易部门等，在碳减排解决方案、新技术及新合作模式、全球碳减排交易、安全及操作风险4个方面为BP下属企业提供支持。中国石油化工集团有限公司在集团层面成立能源管理与环境保护部，统筹管理整个集团的企业碳资产管理工作。第二种模式是在集团内部成立独立的碳资产管理公司。例如法国电力集团成立法国电力贸易公司，业务重点领域为碳排放权交易。第三种模式是由集团总部部门和专业的碳资产管理公司共同进行碳资产管理。第四种模式是由各基层企业自主管理碳资产，或者以外委或托管形式进行管理。

虽然碳管理行业已经形成了明确的业务板块以及不同的组织架构模式，不过总体来看，行业发展仍处于初级阶段。特别是对目前参与中国碳市场清缴的控排企业（火力发电厂）而言，企业层面的碳资产管理还有很大的发展空间。例如，碳资产管理工作专业性强，专业人员缺乏；企业对碳排放管理的重视度不够；缺乏完整有效的碳排放管理制度；企业未能正确理解和执行国家标准，导致碳排放计算错误；碳排放数据质量不高；等等。不少企业通过外委或托管的形式由外部咨询机构管理碳资产，但这种外包的管理模式目前无法真正保证碳资产管理的质量和效率，也容易使控排企业碳排放工作陷入被动。

碳市场环境下，碳资产管理对于企业而言意义重大。在微观层面，关乎火力发电厂日常经营成本收益、新能源企业减排收益、集团公司整体的碳资产平衡、碳履约成本和碳管理效益；在宏观层面，关乎电力体制改革下的电力营销、可再生能源环境权益实现、节能技改等相关工作，关乎集团公司发展结构、发展理念、发展战略等。因此，进行碳资产管理专业性要求很高，难度和挑战不言而喻。

二、龙源碳资产的实践

（一）龙源碳资产简介

国家能源集团[①]是国内碳排放量最大的企业，下属160多家火力发电企业，总装机1.99亿千瓦，每年碳排放配额约8亿吨，约占全国碳市场的六分之一，每年碳配额资产价值超过500亿元人民币。同时，国家能源集团减排项目众多，海上风电、碳汇林等项目均是潜在的CCER项目。CCER可以代替部分配额或者用于企业或个人的自愿减排行动，资产价值显著。

为全面应对碳市场影响，国家能源集团碳资产管理的策略选择是发挥集团协同效应和专业优势，统一对碳资产进行管理，降低企业履约成本，实现碳资产保值增值，从而实现集团整体利益最大化。

成立于2008年8月的龙源碳资产是国家能源集团进行碳资产管理的最重要力量，也是国内成立最早、业内水平领先的专业化碳资产管理公司之一。目前，龙源碳资产主要的业务板块包括控排企业碳盘查、碳管理、碳交易和履约服务、减排项目开发与交易、科技创新等。龙源碳资产承担国

---

① 国家能源集团拥有煤炭、火电、新能源、水电、运输、化工、科技环保、金融等8个产业板块，是全球最大的煤炭生产公司、火力发电公司、风力发电公司和煤制油煤化工公司，也是中国五大发电集团之一。

家能源集团约180家控排企业中三分之二的碳盘查工作，并负责集团整体碳交易工作。其余三分之一控排企业碳盘查工作由集团另一家技术公司承担。

（二）2006—2012年，CDM时期，起步

CDM业务随着《京都议定书》的生效于2005年兴起。在众多项目中，风力发电项目被认为是高质量低风险的优质项目。龙源电力集团股份有限公司（以下简称"龙源电力"）作为风力发电运营商，敏锐抓住CDM业务机遇，率先在电力行业启动CDM业务，组建了龙源电力CDM办公室。随着业务的发展和机构改革，2008年成立龙源碳资产。2006—2012年是CDM业务快速发展时期。2012年年底，由于制度变化，CDM价格急剧下跌，CDM市场也陷入沉寂。截至2013年年底，龙源碳资产主导开发的龙源电力CDM项目合同全部履行完毕，累计注册CDM项目216个。

通过参与CDM业务，龙源碳资产在财务方面收益颇丰，在国际碳市场上创造了22.5亿元收益，在中国电力行业中处于领先。CDM业务在其高峰期内曾数年占据龙源电力净利润总额的1/4，对龙源电力装机规模的迅速扩大起到关键作用。更重要的是，龙源碳资产通过CDM业务积累了丰富和全面的碳资产开发业务能力。CDM项目从开发到获得减排量签发需要经历国家发改委批准、项目审定核证、联合国注册和签发等阶段，业务开展过程中需要与国家发改委、地方政府主管机构、独立第三方审核机构、国际买家、业内同行、项目公司等多方机构协调沟通，开发流程环环相扣、联系紧密，任一环节的失误或拖延均会导致项目开发失败或收益减少。龙源碳资产逐步摸索出统一开发保证质量和进度、统一交易发挥规模优势、统一队伍发挥专业优势、统一管理发挥决策优势的成功经验。

（三）2012—2023年，中国碳市场由试点过渡到全国，坚守和摸索

随着中国碳市场试点开始启动，国家能源集团所属控排企业数量增多，

碳资产体量巨大。要不要做碳资产管理工作，如何做集团的碳资产管理工作，开始成为集团考虑的重要事宜。由于龙源碳资产在CDM项目上的出色表现，因此其又肩负起协同集团探索碳资产管理模式的重任。

在中国碳市场试点初期，有关各方都是摸着石头过河，国家能源集团旗下遍布全国的众多控排企业（火力发电厂）也根据各自所在碳市场的不同规范开始进行碳盘查、碳交易等业务。实践发现，各自为战的控排企业，没有专业人才、专业技术合规细致的制度，自身碳资产管理能力严重不足。若由各火力发电厂通过外包或托管的方式委托外部咨询公司，则将无法保证碳资产管理工作质量和效率，风险难控。

从集团层面来看，国家能源集团企业众多，有些企业需要控排，有些需要减排，有些拥有配额，有些可以开发自愿减排项目，情况不一而足。整个集团未来的碳资产管理任务将会越来越繁重。

龙源碳资产根据自身在国际碳市场业务中积累的成功经验，充分吸收现代管理理念，广泛深入开展研究，允分调研大型跨国公司的碳资产管理经验，再根据中国碳市场试点实际情况，不断摸索适合集团化企业发展的碳资产管理模式，结合集团实际工作情况，经过论证，逐步形成"四统一"的管理思想，即"统一管理、统一核算、统一开发、统一交易"。在向集团多次提出建议后，随着碳市场形势愈加明朗，集团采纳龙源碳资产提出的"四统一"管理模式的建议，推进集团层面的碳资产管理建设。

1. 统一管理：明确人、权、责，建设数字化系统

对集团公司碳资产进行统一管理的首要任务是进行组织机构建设，主要是明确主管机构以及参与部门的职能分工，进行集团公司、子分公司、火力发电厂、减排项目单位、碳资产管理公司等的职能定位和职责划分（见附录6）。

在组织架构上，国家能源集团历经一系列调整。2016年8月，集团成立了碳排放管理中心，挂靠在安全生产部，对集团下属企业的碳资产进行统一管理。2018年5月，国家能源集团完成机构调整，将碳排放管理工作划归产权与资源中心（碳交易中心）统一管理。2020年5月，集团公司组建共享服务中心有限公司,其职责是根据集团授权,开展集团公司碳资产和碳交易管理工作。2021年1月,集团公司成立低碳发展领导小组,办公室设在集团公司战略规划部,主要职责为:指导共享服务公司按照"四统一"原则开展碳排放管理工作,健全碳资产管理相关制度流程,组织开展碳盘查和碳交易工作等。2021年6月,集团公司下发《国家能源集团碳排放权交易管理办法(试行)》明确碳交易工作由集团公司低碳发展领导小组统一领导,低碳发展领导小组办公室统筹协调,共享服务公司授权统一管理,子分公司、履约企业和减排企业共同监督和配合,龙源碳资产提供碳交易履约专业化服务。2023年11月,集团公司下发《国家能源集团碳业务管理办法》并更新《国家能源集团碳排放权交易管理办法》,进一步明确战略规划部是集团公司低碳发展工作的牵头部门,统筹协调集团公司碳业务管理工作;安全环保监察部负责碳排放数据监察等工作;资本控股公司是碳排放、碳资产专业管理、服务支持平台;龙源碳资产是专业技术服务单位,开展碳排放、碳交易管理工作,以及减排项目开发、碳业务咨询等专业化服务工作;子分公司负责管理所属控排企业碳排放、碳交易工作。明确的组织架构指引帮助国家能源集团下属各企业在开展碳资产管理工作时从起步阶段都打好组织基础。

在管理制度建设上,龙源碳资产一方面编制碳排放管理的相关政策、办法、制度,陆续出台《国家能源集团碳排放管理制度(试行)》《国家能源集团碳排放信息统计报送管理办法(试行)》、《国家能源集团碳业务管理办法》《国家能源集团碳排放权交易管理办法》等纲领性文件;另一方面也建立了内部工作机制,明确各项工作流程、标准、规范等,例如碳盘查工作规范、交易策略模板框架,先后发布了《单位热值含碳量和碳氧化率实测工作导则》《皮带秤校验/比对技术要求》《碳排放数据质量检查要点》《火力发电企业温室气体排放核算导则》《化工企业温室气体排放核算导则》等技术文件,有效指导碳核算和碳交易工作。

此外,核算企业碳排放需要大量的生产数据支撑,为规范集团所属电厂温室气体排放管理,加强企业温室气体排放监测工作,科学有效地开展温室气体核算和报告，龙源碳资产统一制定了《碳排放管理规定》《温室气体排放监测管理办法》《温室气体排放核算和报告管理办法》等三个厂级碳排放管理制度模板，督促企业依据自身实际修订完善并贯彻执行，指导协助企业加强和规范碳排放管理工作。

碳排放管理是一项长期工作，各项碳排放管理制度的制定使电厂在碳排放工作中有章可循，在人员岗位变动、部门分工调整时可统筹考虑，合理安排，确保工作的连续性和数据资料的准确性、完整性。更为重要的是，龙源碳资产持续开展系统化能力建设，制订详细的滚动培训计划，对所属发电企业分层次、分对象、分区域开展专项培训，促使参训人员结合企业实际，系统化总结过往碳排放管理工作经验和教训，提升自身碳排放管理知识的深度和广度。培训结束后，参训人员及时组织厂内培训，提高电厂相关部门和人员对碳排放管理的整体认识水平。

为做好集团碳交易工作，龙源碳资产公司在集团内率先制定实施了《碳资产委托交易管理办法》《碳资产交易风险控制管理办法》《国际自愿减排量开发与对外销售管理办法》，按照安全交易、防范风险、多级管控的原则，从交易授权、交易量限制、风险监控、合规管理等方面对碳交易活动进行管控。与强制碳市场相比，国际自愿碳市场中的核证碳减排量更容易受到全球需求不稳定、国际形势变化等外部因素的影响，价格波动较大。龙源碳资产采取线上公开询价的方式，充分获取市场报价，使碳减排量定价和交易决策更加公开透明、更具有公正代表性，为国有企业规范实施碳资产线下交易行为起到了示范引领作用。

为了提高庞大繁复的盘查管理工作的效率，降低履约成本，真正盘活碳资产，龙源碳资产还参与建设集团公司碳资产管理信息系统，利用网络、信息化手段，充分利用现有生产统计系统，管理碳排放数据，及时掌握碳排放情况，自动统计分析配额盈缺，为交易策略制定、决策提供技术支持。系统的主要功能包括碳排放监测报告、碳配额管理、减排项目管理、对标与预测管理、交易辅助决策和管理、统计报表和综合查询等。

2. 统一核算：多维度、多层次掌握真实可靠的排放数据

准确把握自身碳排放情况，获得可靠的数据是实施碳资产管理、参与国内碳市场的前提。因此，碳排放核算（碳盘查）是碳资产管理过程中最关键的步骤之一。龙源碳资产开展了多层次、多维度的碳盘查以确保排放数据的真实性和准确性，包括自身碳盘查、第三方核查和数据分析。

第一关，严格规范自身碳盘查工作。为了加强和规范碳盘查工作，严控碳排放数据质量，制定了《碳盘查工作质量控制管理办法》，明确了部门和人员职责、工作内容、工作流程及质量控制措施。碳盘查工作流程严格按照初始收资、文件评审、现场访问、报告编制、三级审核等环节开展。其中现场访问严格执行会议启动、现场培训、文件审阅、人员访谈、现场查看、会议总结6个环节；报告编制严格执行编写、校核、审核、批准和电厂确认5道程序。通过严谨、周密的流程控制，确保碳盘查工作的效果和质量。碳盘查工作不仅能够初步核算集团的碳排放总量和配额盈缺情况，还能够帮助电厂提前系统地梳理清楚各项碳排放数据资料。

第二关，确保第三方核查的准确性。从集团所属电厂历年核查工作情况来看，各地第三方核查机构水平和尺度参差不齐，导致部分电厂年度核查数据有误。为此，龙源碳资产重点加强对各电厂进行温室气体排放核算方法与报告指南及标准的宣贯，以便统一标准，引导和影响第三方核查机构，避免采用不合理的计算方法、选取错误的计算数据；对存在异议的核查报告，重点开展分析研究，积极争取，维护企业利益。

第三关，加强数据分析和规律挖掘。龙源碳资产掌握了集团公司的历史年度碳排放数据。全面掌握集团公司碳排放数据之后，还要进行多维度、多层次的统计、对比、分析，发现规律，为集团公司进行顶层设计、做好管理工作奠定基础。

龙源碳资产统一核算创造价值、规避风险的效果显著。2017—2018年统一核算过程中通过煤种认定避免了排放量被高估，多争取配额5.5万吨，每年减少2 000多万元配额采购支出。

3. 统一开发：减排项目与金融创新双管齐下

龙源碳资产 CDM 时期项目统一开发的成功经验为集团 CCER 项目和碳金融产品统一开发打下了深厚的基础。CCER 项目是集团公司碳排放管理的重要组成部分，直接影响到集团公司的碳平衡和经营效益。将 CCER 与火力发电企业碳盘查工作统筹考虑，统一开发储备 CCER 碳资产，可最大限度地保障集团公司碳平衡。

2013 年，龙源碳资产率先启动全国第一个 CCER 项目开发，于 2013—2015 年创下了全国第一个项目备案、第一个减排量备案和签发、第一笔减排量线上交易、国际峰会场馆第一笔碳中和交易、CCER 第一笔线上交易等多个"第一"，其中，APEC 会议场馆成为中国首个国际首脑峰会"零碳"场馆。截至 2018 年年底，共启动 80 多个 CCER 开发项目，其中，备案项目 42 个，位居全国前列。

国内自愿减排机制即将重启，龙源碳资产积极推进方法学研究，提前进行海上风电项目开发，专业帮扶右玉县林业碳汇项目开发，持续挖掘项目潜力。同时，系统研究碳金融创新，充分利用碳资产和碳交易的内在金融属性，积极探索碳质押、碳远期、碳指数等碳金融形式，占领碳交易产业链的高端环节，为集团公司碳资产创造更高附加值。

4. 统一交易：加强市场研判，制定科学交易策略

随着碳市场的逐步发展，市场上虽有一些投资银行、专业碳机构、知名咨询公司能够提供碳资产交易管理的相关服务，但对于国家能源集团和龙源碳资产来说，掌握主动权至关重要。加强市场研判，制定科学的交易策略成为它们实现碳资产管理目标的又一关键。

基于"四统一"碳管理体系，2017 年，龙源碳资产开始深入研究和探索碳交易管理，在行业内首创碳资产交易操作平台系统。核心内容包括：①建立碳交易管理体系，确立碳交易管理组织架构和工作程序，研究交易决策机制和风险控制原则；制定碳交易、风险控制等管理制度，形成工作程序文件。②开展碳交易分析，分析企业排放和生产情况，预测配额盈缺，建立内外部交易方案，统筹考虑配额和 CCER 抵消机制，形成交易策略和

交易计划。③建设碳资产交易操作平台系统，建立独立碳交易室，开发多坐席协作系统和碳交易管理软件系统，依托平台开展试点交易和模拟交易，实现交易全流程管理，确保集团碳交易利益最大化，降低交易风险，提高管理效率。2022 年，为适应全国碳市场发展，集团对系统进行升级优化，实现交易操作智能化、风险控制自动化、指标分析可视化。2023 年，通过升级后的碳交易操作平台系统管理企业碳账户，可在 1 小时内完成 167 个账户月度资产盘点；通过系统自动提交第二履约周期申请履约，有效提升了碳交易工作智能化水平。

在试点碳市场，通过解决煤种认定、CCER/配额置换、提前采购和参与政府拍卖等多种方式，累计降本增效约 3 000 万元/年。2021 年全国碳市场第一个履约周期，采用集团内部配额调剂和采购内部 CCER 用于抵销履约等方式，火力发电企业节约成本约 400 万元，可再生能源企业增收 2 000 多万元，提前 10 天完成全部火力发电企业清缴履约。2022 年，为分摊年度碳排放成本，储备碳配额，顺利完成全国碳市场非履约期交易，统一交易效益显著。2023 年，组织集团控排企业采购 20 多万吨 CCER 用于清缴履约，降低集团公司履约成本，兑现减排量资产环境价值，为可再生能源企业增收 1 300 多万元，在配额大幅收紧的情况下，完成全国碳市场第二个履约周期交易履约。积极配合全国温室气体自愿减排市场演练测试，展现了集团公司维护全国碳市场建设的良好企业形象。

从龙源碳资产的创新和实践中走出来的"四统一"管理模式成为国家能源集团碳资产管理整体发展战略的切入点，也是集团在碳市场中进行各种交易和创新的重要基础，在集团内得到充分应用。集团层面确立了"四统一"管理原则，集团总部设立集团碳排放主管部门，统一管理协调集团碳排放工作，开展顶层设计，建章立制，制定了碳排放管理制度，建立了集团公司—子分公司—基层企业三级管控体系。

（四）2021 年至今，全国碳市场建设时期，守正创新

2021 年 7 月 16 日，全国碳市场正式开市。龙源碳资产代理国家能源集

团四家火力发电企业参与，完成全国碳市场第一单交易，价格48元/吨，交易量5 000吨。当天全国碳市场共交易碳配额25万吨。这成为龙源碳资产的高光时刻，更是其多年来坚守和深耕的必然结果。

除了在碳盘查和碳交易这两个重点业务领域深耕细作，龙源碳资产坚持守正创新，聚焦行业的一些重点问题，开展研究和新业务探索。

第一，利用数字化手段提升碳资产管理能力。为更好落实国家对碳排放数据质量要求，龙源碳资产一厂一策确定碳排放数据采集点和现场盘查工作票，开发建设碳盘查数字化管控系统，引入轨迹可视化管理、图像识别、照片水印加载、工作包卡票标准化管理、数据入库自动分析、数据交叉对比审验、管理问题清单生成、盘查工作与整改进度统计、预设流程报告审核等功能，实现盘查工作中现场必看、点位必查、部门必到、证据必传，保障盘查过程清单化、标准化、规范化、专业化、动态化。为进一步提高数据质量，避免人为错报漏报，以江苏某电厂为试点，建成行业首个火力发电厂燃料端碳排放在线监测系统，实现碳排放原始数据实时在线直接采集，全程无人为因素影响，以数字化手段解决数据真实性和溯源问题。全国碳市场采取核算法确定企业排放量，指标多、链条长，统计工作量大，政府组织第三方核查，监管成本高，为此龙源碳资产从2019年开始进行火力发电厂排放端碳排放在线监测研究，实现排放端二氧化碳数据直接采集。此外，建设区域温室气体排放、双碳高效咨询平台，更好地满足地方政府和企业的双碳衍生需求。

第二，推动多元化、协同化发展。在"双碳"目标下，碳资产管理业务会极大丰富。基于过往扎实积累，龙源碳资产也在积极开展咨询、碳排放培训、低碳发展战略规划、技术推广、碳足迹、碳标签一类的低碳产业链工作。同时，还在国内外机制下开展碳汇项目开发工作，如与青海省刚察县合作开展核证碳标准草原碳汇开发工作，新增甲烷利用减排项目储备，项目类型逐步多元化；专业帮扶右玉县CCER林业碳汇项目开发，促进当地生态产品的价值实现和乡村振兴，助力区域生态环境建设和绿色低碳高质量发展。同时，组织研究多行业核算指南、多类型减排方法学，开展区块链技术应用、减排方法学等碳领域科技项目研究，参与多个标准制定，全面拓宽技术服务领域。积极参与国内自愿减排市场建设，多次参与全国温室气体自愿减排注册登记系统和交易系统联调测试和规则讨论，深度参与方法学编制，其中参编的海上风电方法学已获批发布。关注氢能、碳捕捉等降碳减排项目发展趋势和政策导向：中国氢能联盟牵头，龙源碳资产作为主要单位参与编制的水电解制氢减排方法学，获得联合国清洁发展机制执行理事会审批通过，正式成为CDM第124个大型方法学；此外，积极响应生态环境部组织的方法学遴选，自主申报可再生能源制氢减排方法学，致力于填补国内相关领域方法学空白。

第三，逐步推动碳资产管理业务的国际化。龙源碳资产认为，中国碳市场作为全球规模最大的碳市场，未来一定会涉及国际接轨的问题，碳资产管理的国际化成为大势所趋。并且，目前有更多的实体企业也在走出去开展国际业务，它们必然也需要面对低碳相关的事务。龙源碳资产也在未雨绸缪，对接国际资源市场和交易所，希望未来用专业知识服务全球低碳事业的发展。

三、挑战和希冀

从2011年正式起步到现在，中国碳市场发展迅速，成绩斐然，已经进入第二个履约周期。然而，根据过往经历和情况，龙源碳资产发现，中国碳市场作为新兴产物，目前依然面临很多挑战和不确定性。

一是法律基础尚不明晰，主要体现在以下两方面：第一，碳资产权益的法律基础不明晰。碳资产权益源于行政许可，既具有类似于专利权等经行政许可授予的无形财产权的特点，又具有类似于自然资源使用权等益物权特征。同时，全国碳排放权交易的机制设计上，碳资产权益又成为一种资产，具有类似于银行的账户存款、证券的性质。这样混杂的特征性质，使得碳资产权益在《中华人民共和国民法典》中的民事财产权中找不到恰当位置。缺乏作为民事权益的法律基础，成为阻碍碳资产市场发展的重要因素。第二，关于碳市场的法律制度还不够完善。目前《碳排放权交易管理办法（试行）》（以下简称"《管理办法》"）是支撑全国碳市场交易和履约的政策基础。《管理办法》是国务院部门行政规章，其法律位阶较低，在监督管理、违规处罚等方面效力不足。例如：《管理办法》对未按时足额清缴碳排放配额的重点排放单位，只能"处二万元以上三万元以下的罚款；逾期未改正的，对欠缴部分，由重点排放单位生产经营场所所在地的省级生态环境主管部门等量核减其下一年度碳排放配额"，处罚力度总体偏弱。针对此问题，中国需要尽快出台更有力度的管理条例，可以将碳市场纳入气候环境立法，提升碳市场管理的法律层级，加大对碳市场的法律约束力度，提高控排企业对数据质量和按时履约的重视程度。

二是碳排放数据质量有待进一步规范。碳排放数据是碳资产形成的依据，生态环境部也强调："准确可靠的数据是碳排放权交易市场有效规范运行的生命线。"2022年，生态环境部发布公告，披露一些机构碳排放报告篡改数据、伪造原始记录、计算错误等问题案例。出现数据质量问题的原因是多方面的。第一，因为目前中国存在多套碳核算规则并行使用的情况，导致核算边界不一致、数据来源规范不统一的问题。第二，目前大部分碳核算业务是基于火力发电厂提供的历史数据，而有些火力发电厂历史数据记录不规范，或者出于利益考虑提供虚假数据，也会导致数据质量不佳。还有一点非常重要，碳盘查和碳核算机构本身的业务能力也是重要因素，准确的碳盘查和碳核算对专业性要求极高，比如火力发电厂碳核算，就要考虑使用的煤的品种、化验参数、机组的类型等，若碳核算机构对行业的了解不够深入，也会影响数据质量。如果碳盘查和碳核算机构缺乏人手、操作不规范，数据质量亦得不到保证。目前，生态环境部通过专项监督帮扶和培训，使得企业的重视程度日益提高。国家能源集团和龙源碳资产多次对电厂进行培训和指导，同时探索数字化管控系统的建设和应用，以提高数据质量，有效发挥碳市场资源配置作用。除此之外，还需要建立长效机制；利用创新手段，依托互联网技术，通过信息化工具，提高碳排放数据管理效率；完善核算指南，明确碳排放核算合理性、保守性原则。

三是碳市场发展需要建立起长期预期。全国碳市场初期以碳排放强度作为排放控制目标，配额分配采用单一的免费分配方式，但碳市场强度控制的长期目标不明确，配额分配基准值调整方法规则缺失，使得市场主体无法形成长期稳定的碳价预期。碳配额分配规则的发布较为滞后。全国碳市场即将进入第三个履约周期，但目前碳配额分配方案存在不确定性。在这样的情况下，市场参与者的长期预期无法建立起来，就会采取更保守的参与策略，不利于市场流动性的增强和市场的发展。

四是市场基本要素尚有欠缺。一方面，当前全国碳市场仅纳入发电行业，碳市场交易主体类型单一，控排企业以按期完成履约为目标，缺乏长期的碳资产管理和碳市场交易策略。要推动碳市场健康发展，应尽快纳入机构投资者以及其他排放行业，提升碳市场价格发现功能，增强碳市场流动性。目前火力发电行业减排空间有限，并且具有能源保供、能源安全的作用，多行业纳入后，可以利用行业间减排成本差异，降低总体成本。另一方面，交易品种仅有现货，需要加速碳金融发展。从国际上来看，尤其是欧盟碳市场，碳期货、碳配额抵押等金融工具较为发达。在国内，国家也在推动碳金融工作的发展，在推进一些试点，但规模效应和可操作性等都有较大差距。例如碳期货，对于大型控排企业来讲，有碳期货这样的工具，就多一种对冲风险的管理工具，有利于企业更好地开展碳资产管理工作，市场的参与度或者积极性也会更高。应加快配套碳金融市场建设，鼓励金融机构积极参与碳市场，明确各项业务指引，为金融机构参与碳市场提供明确参考，同时发展碳金融衍生品市场，尽快推出碳期货碳期权合约工具，为市场提供碳资产价格风险管理工具，增加市场深度。

五是不同碳交易品种市场之间的协同没有发挥作用。CCER市场的存在，本身可以为减排项目带来资金，从而促进减排项目和技术的发展，从而为环保做出更大贡献。而我国碳交易主要以碳配额交易为主，CCER市场处于消耗存量状态。目前CCER存量剩余1 000万吨左右，若按照5%的碳配额抵消比例计算，我国每年需要2亿～3亿吨CCER。国内自愿减排市场首批发布的方法学仅有4项，覆盖范围有限，势必会造成大部分参与碳市场的控排企业无法使用 CCER，自愿减排市场和强制碳减排市场没有形成有效联动。并且，碳交易市场和绿色电力证书①交易市场、绿色电力交易市场没有联动。应建立更多符合我国国情的减排项目类型和方法学，降低开发成本，促进可再生能源及其他减排项目规模化发展，激励社会主体主动进行自愿减排。

在全球绿色经济转型和中国"双碳"目标背景下，中国碳市场繁荣和碳资产管理行业快速发展将会是必然。国家能源集团对于碳资产管理业务的重视度逐年提升。碳资产管理行业也吸引更多参与方的加入，竞争愈加激烈。

面对复杂的发展环境，在龙源碳资产看来，碳资产管理行业未来的发展趋势可以用"纵深""细分""交叉"三个关键词来概括。"纵深"是指现在以及未来的市场发展，需要行业各方的业务更加深入和专业。"细分"是指业务做深入之后会出现分工，会出现某个业务模块的专业公司。"交叉"是指碳这个概念的外延很大，有很多交叉领域，如信息技术+碳资产管理、金融+碳资产管理等。

对于龙源碳资产而言，一方面，作为国家能源集团碳资产管理的核心力量，需要承担起集团碳资产管理的重任，需要继续在碳核算、碳交易领域深耕；另一方面，作为一家碳资产管理公司，龙源碳资产也希望在业内做出成绩，继续向产业上下游扩张业务，这是企业发展战略所需。但具体该怎么走，龙源碳资产的团队还需要继续把舵，带领龙源碳资产踏浪而行。

附录1：欧盟碳市场发展概况

成立于 2005 年的欧盟碳排放权交易市场是世界上规模最大的碳交易体系，占据 90% 的市场规模。欧盟碳排放权交易市场覆盖 30 个国家，涵盖欧盟 45% 的温室气体排放量，纳入监管 11 000 个排放设施，包括发电厂、大

---

① 绿色电力证书，是国家对发电企业每兆瓦时非水可再生能源上网电量颁发的具有独特标识代码的电子证书，是非水可再生能源发电量的确认和属性证明，也是消费绿色电力的唯一凭证。

型工厂（如水泥厂、化工厂等）、航空公司[5]。

欧盟碳排放权交易市场采用"总量与交易"的原则，对履约企业可以排放的温室气体总量设定一个最大值。总量目标由欧盟制定，随不同阶段而变化。

关于配额分配，在每一个履约周期内，被欧盟碳排放权交易市场监管的排放企业都需要在碳市场或拍卖市场购买配额，欧盟碳排放权交易市场也会免费发放少部分配额。2022年，欧盟碳排放权交易市场已经实现约57%的配额以拍卖形式分配[6]，未来将继续提升拍卖比例。欧盟规定履约企业每年须在规定时间内提交上年度第三方机构核实的排放量及等额的排放配额总量，否则将面临处罚。如果履约企业在履约周期内减少了碳排放量，其可以将剩余排放量留待未来使用，或者通过碳市场售卖给其他企业。

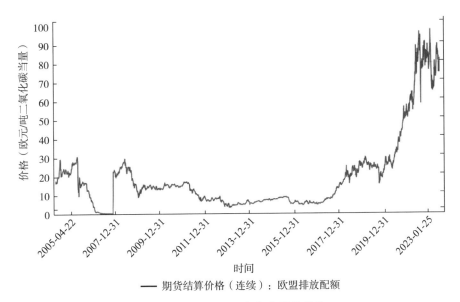

图1 欧盟碳排放配额期货结算价格

除欧盟成员国履约企业外，任何自然人和法人均可购买并持有配额。交易标的主要包括欧盟排放配额、联合履约机制项目减排量、清洁发展机制、项目核证减排量及上述交易标的的期权期货形式等。

监测报告核证机制是保证碳市场能够正常健康运行的关键。所有履约企业须按照欧盟制定的标准方法对碳排放量进行监测，经第三方机构核证后向政府提交。欧盟碳排放权交易市场持续改进检测报告核证机制，并设定关于排放量核证与核证人员认证及监督的条例。

附录2：中国碳市场发展概况

第一阶段：参与国际清洁发展机制项目（2005—2012年）

在《京都议定书》框架中的清洁发展机制下，我国可以参与CDM项目。国内首个注册项目是内蒙古辉腾锡勒风电场项目（2005年6月26日注册，2007年11月19日首次签发核证减排量），合作对象为荷兰政府。

2006—2012年为我国CDM项目高速发展期，价格多为10欧元/吨，最高达到30欧元/吨[7]。2013年起，由于欧盟开始对CDM项目进行限制，国内CDM市场逐渐停滞。截至2016年8月，国家发改委批准了5 074个CDM项目①，截至2017年获得签发的CDM项目为1 557项[8]。CDM项目为我国带来资金和清洁技术，低碳发展理念和碳市场机制的有效性被广泛接受。

第二阶段：开展碳排放权交易试点（2011—2017年）

2011年，国家发改委办公厅发布《关于开展碳排放权交易试点工作的通知》[9]，推动以碳排放权交易控制温室气体排放，并于2013年正式开始在北京、上海、天津、重庆、湖北、广东、深圳七个省市进行试点。福建省于2016年12月22日启动碳交易市场。截至2021年12月，各试点碳市场累计成交量约为4.83亿吨，累计成交金额达86.22亿元。[10]八个试点碳市场在运转过程中进行了摸索，积累了经验，为全国碳市场的建设奠定了基础。

这一时期，中国也启动了CCER市场的建设。自愿减排项目业主采用相关方法学开发项目，并由审定机构审定后可申请备案，备案项目产生的减排量经第三方机构核证后，可申请减排量备案，经备案的减排量称为

---

① 这些项目涵盖领域有新能源和可再生能源、能源利用效率改善、甲烷回收利用、垃圾焚烧发电、造林和再造林等。

"中国核证自愿减排量",单位以"吨二氧化碳当量(tCO2e)"计。碳交易试点市场的重点排放单位均可采用国家自愿减排量在履约清缴时抵扣一部分配额,CCER 可使用量占配额量/排放量的 1%～10%不等。

2017 年,出于市场交易量小、部分项目不够规范等原因,国家发改委暂停了对 CCER 项目的审批备案,此后再未恢复。截至 2017 年 4 月 13 日,公示项目共 2 871 个,已备案项目 1 315 个,减排量已备案项目约 400 个[8]。

目前,存量 CCER 依然可以交易。在全国碳市场第一个履约周期中,抵消机制为风电、光伏、林业碳汇等 189 个自愿减排项目的有关主体带来收益约 9.8 亿元[11]。

第三阶段:建立全国统一碳排放市场(2017 年至今)

2017 年 12 月,国家发改委印发《全国碳排放权交易市场建设方案(发电行业)》,国家碳市场建设开始启动。2018 年,推动碳市场建设的责任由国家发改委转至生态环境部。2020 年秋,习近平主席在联合国大会上宣布,中国将力争在 2060 年前实现碳中和。2020 年 12 月 31 日,《碳排放权交易管理办法(试行)》发布。2021 年 3 月,《碳排放权交易管理暂行条例(草稿修改稿)》发布。2021 年 7 月 16 日,全国碳市场开始交易。2023 年 10 月以来,《温室气体自愿减排交易管理办法(试行)》、首批四项温室气体自愿减排项目方法学、《温室气体自愿减排项目设计与实施指南》、《温室气体自愿减排注册登记规则(试行)》等文件陆续发布,国内温室气体自愿减排项目重启进入加速阶段。

附录 3:全国碳市场运行机制概况

生态环境部根据国家确定的温室气体排放控制目标,提出碳配额总量和分配方案。

碳配额分配包括免费分配和有偿分配,目前均为免费分配。根据碳市场的发展,国家将适时引入有偿分配,并逐步提高有偿分配比例。

可持续发展：生态文明的构建

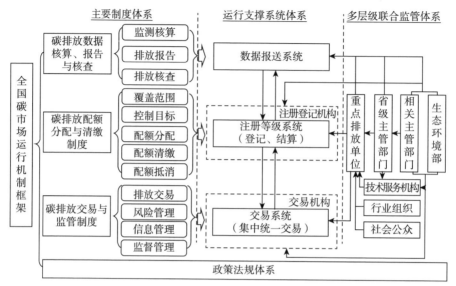

图 2　全国碳市场运行机制框架

资料来源：中华人民共和国生态环境部. 全国碳排放权交易市场第一个履约周期报告［R/OL］.（2022-12）［2024-12-31］. https：//www. mee. gov. cn/ywgz/ydqhbh/wsqtkz/202212/P020221230799532329594.pdf.

省级生态环境主管部门负责组织对重点排放单位温室气体排放核查，可通过政府购买服务的方式，委托技术服务机构开展核查。

重点排放单位应当根据其温室气体实际排放量，向分配配额的省级生态环境主管部门及时清缴上一年度的碳排放配额。重点排放单位足额清缴碳排放配额后，配额仍有剩余的，可以结转使用；不能足额清缴的，可以通过在全国碳排放权交易市场购买配额等方式，完成清缴；同时也可以出售其依法取得的碳排放配额。

附录4：碳资产管理业务模块说明

碳排放核算，主要是为计算区域、企业和产品在某个时间段的碳排放而开展的相关工作。区域层面的碳核算又被称为温室气体清单编制，计算的是区域内各行业温室气体排放总和。企业（或组织）层面的碳核算叫作碳盘查，也包括三方核查机构开展的碳核查。产品层面的碳核算又称碳足迹计算。准确有效的碳核算是各主体进行碳资产管理的基础。

碳交易，是指交易主体在碳市场采用协议转让、单向竞价或其他符合规定的方式买卖碳排放配额或国家核证自愿减排量等其他交易产品的行为。

碳金融，是指直接以碳资产（主要包括碳配额和核证减排量）作为基础，以金融工具为手段开展的与直接碳资产相关的金融产品和衍生品的交易和流通活动。碳金融产品包括融资工具、交易工具和支持工具三大类。融资工具包括：碳资产抵质押融资、碳资产回购、碳配额托管、碳债券等；交易工具方面，包括但不限于碳期货、碳远期、碳掉期等；支持工具中，则包括碳基金、碳保险等。

环境权益开发，主要是指以CCER项目为代表的可以产生减排量的项目，通过一系列流程完成相关主管机构注册和碳信用签发的过程。广义上，也可以指绿色电力证书的核发或者绿色电力交易。

碳管理咨询包括的范围较为宽泛，如低碳发展、碳达峰方案及碳中和规划、企业碳管理体系咨询、培训业务、碳资产信息化服务等。

附录5：欧盟碳排放权交易市场核证减排量期货结算价

在欧盟碳排放权交易市场上线核证减排量最初一段时间内，国际上CDM签发呈上升趋势，控排企业大量购买项目核证减排量以抵消自身碳配额，促使核证减排量期货价格在2008年上半年持续上涨。之后由于全球经济危机影响，欧盟碳价大幅下降，核证减排量期货价格也随之走低。2011年欧盟颁布新能效计划，强制要求企业采取节能减排措施，导致企业对碳配额的需求下降，降低了市场对碳价的预期，核证减排量价格下降。随着《京都议定书》第一个承诺期于2012年年底到期，欧盟也对核证减排量抵消额度、核证减排量项目类型进行了严格限制，核证减排量价格和交易量一路降低。后来，欧盟停止使用核证减排量等现有的国际减排信用来进行碳抵消，导致核证减排量市场陷入停滞状态。

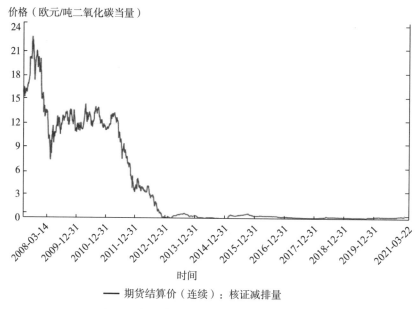

图3　欧盟碳排放权交易市场期货结算价

附录6：国家能源集团碳排放管理体系职责分工

"四统一"管理原则自推广以来，国家能源集团建立了集团公司-子分公司-控排和减排企业三级管控体系，明确了各相关机构的职责分工，详细介绍如下：

1. 碳排放主管机构

2023年11月，集团公司下发《国家能源集团碳业务管理办法》，明确集团公司碳业务管理工作由集团总部部门按照职责分工负责，资本控股公司进行专业管理，子分公司、履约企业和减排企业共同监督和配合，龙源碳资产等碳资产公司提供碳排放和碳交易业务专业化服务。

2. 集团总部部门职责分工

战略规划部是集团公司低碳发展工作的牵头负责部门，统筹协调集团公司碳业务管理工作；安全环保监察部负责碳排放数据监察等工作；财务资本部负责将集团公司年度碳资产经营业务纳入全面预算管理；科技与信息化部是科技项目和信息化系统建设的主责管理部门；国际合作部负责涉及境外碳业务的相关工作；煤炭与运输产业管理部、电力产业管理部、化工事业部负责本产业碳排放管理工作。

3. 资本控股公司职责分工

资本控股公司是碳排放、碳资产专业管理、服务支持平台，负责按照集团公司要求开展碳排放和碳交易相关业务，接受集团总部部门的业务指导。主要职责包括制定集团公司碳排放管理工作计划，向集团公司提出控排指标建议；组织开展集团公司控排企业温室气体排放报告编制和碳交易履约工作；组织审查控排企业碳排放报告，编制集团公司年度碳排放报告；制定集团公司年度碳资产经营计划和年度碳交易策略；对碳资产公司、控排企业减排企业进行指导、检查、监督；参与研究建立碳排放技术标准；完善统计分析制度，研究排放规律，建设维护管理信息系统，开展碳排放数据月度对标；组织开展碳排放专业培训工作。

4. 子分公司职责分工

子分公司负责管理所属控排企业碳排放、碳交易工作。主要职责包括建立健全本单位碳排放数据统计分析、考核等制度；明确碳排放管理负责部门、岗位；推广减排新技术，组织落实控排措施；强化日常数据管理，对所属企业碳排放管理工作指导监督；制定本单位年度碳资产经营计划，指导、监督所属企业碳资产经营、资金使用等情况；协调所属企业开展碳配额交易以及履约清缴等工作；协调所属企业 CCER 项目和碳汇开发。

5. 控排和减排企业职责分工

控排企业是碳排放、碳交易管理主体责任单位。主要职责包括遵守全国碳排放权交易及相关活动的技术规范，并遵守国家其他有关主管部门关于交易监管的规定；如实报告碳排放情况，制定和执行数据质量控制计划；对碳排放数据的真实性、完整性、准确性负责；按期填报温室气体排放数据，协调第三方核查，进行交易、履约清缴工作；加大碳排放管理基础设备投入，做好监测、计量设施的日常维护校验工作；落实控排指标和重点工作任务，推动节能降碳；主动对接减排项目开发需求，做好项目审定与登记、减排量核查与登记等相关工作。

减排企业主要职责包括注册 CCER 交易账户，配合开展交易，获得收益；主动对接减排项目开发需求，开展碳汇开发。

6. 龙源碳资产职责分工

碳资产公司是集团公司碳排放和碳交易业务的专业技术服务单位。主要职责包括接受企业委托，开展碳排放、碳交易管理，以及减排项目开发、碳业务咨询等专业化服务；协助控排企业制订数据质量控制计划、开展碳盘查、编制企业温室气体排放报告、协助第三方核查、交易履约等工作；开展碳排放数据统计、审核、分析工作，研究控排企业排放报告，提出工作建议；研判国家碳排放政策变化和碳市场形势，提出交易策略、交易计划和配额、CCER 交易及开发建议；参与研究建立碳排放技术标准、风险防控机制，推动全集团碳管理数字化建设；及时向集团公司有关部门和资本控股报告企业履行全国碳市场要求异常情况，包括核算、交易、结算等活动，以及应当报告的其他重大事项。

参考文献

1. 刘毅. 中国气象局：全球气候变暖给我国带来显著影响 [EB/OL]. （2021-08-20）[2024-12-31]. http://env.people.com.cn/n1/2021/0820/c1010-32201750.html.

2. 王科，李世龙，李思阳，等. 中国碳市场回顾与最优行业纳入顺序展望（2023）[J]. 北京理工大学学报（社会科学版），2023，25（2）：36-44.

3. 中华人民共和国生态环境部. 全国碳排放权交易市场第一个履约周期报告 [R/OL]. （2022-12）[2024-12-31]. https://www.mee.gov.cn/ywgz/ydqhbh/wsqtkz/202212/P020221230799532329594.pdf.

4. 牛波. 碳市场专题研究报告：全国碳市场完全手册 [EB/OL]. （2021-07-02）[2024-12-31]. https://baijiahao.baidu.com/s?id=1704155100670058917&wfr=spider&for=pc.

5. Environment Protection Agency. EU Emissions Trading System [EB/OL]. [2024-12-31]. https://www.epa.ie/our-services/licensing/climate-change/eu-emissions-trading-system-/.

6. 陈骁，张明. 碳排放权交易市场：国际经验、中国特色与政策建议［J］. 上海金融，2022，（9）：22-33.

7. 徐楠. CCER复出：中国碳市场的2022悬念［EB/OL］. （2022-06-09）［2024-12-31］. https：//dialogue.earth/zh/3/82010/.

8. 瑞欧科技. 中国碳市场建设及发展的十年蓄势［EB/OL］. （2022-06-29）［2024-12-31］. https：//www.reach24h.com/carbon-neutrality/industry-news/china-carbon-market-construction-development.

9. 国家发展改革委办公厅. 国家发展改革委办公厅关于开展碳排放权交易试点工作的通知［EB/OL］. （2011-10-29）［2024-12-31］. https：//fgw.sh.gov.cn/cmsres/02/02822dc41f9c41ec9245eb0cc69770be/99988d7bd5f009b698a3ff78d6f9ebf7.pdf.

10. 北京理工大学能源与环境政策研究中心. 中国碳市场回顾与展望（2022）［EB/OL］. （2022-01-09）［2024-12-31］. https：//ceep.bit.edu.cn/docs/2022-01/eb3a1bf65b6e499281122c9d55ef2f7d.pdf.

11. 中华人民共和国生态环境部. 全国碳排放权交易市场第一个履约周期报告［R/OL］. （2022-12）［2024-12-31］. https：//www.mee.gov.cn/ywgz/ydqhbh/wsqtkz/202212/P020221230799532329594.pdf.

抵消碳足迹：诺华中国的环境责任担当*

杨东宁、刘国彪、唐伟珉

创作者说

随着全球气候变暖趋势愈发明显，如何减少和控制温室气体的排放逐渐成为国际社会高度关注的话题。林业碳汇作为抵消碳足迹的一种方法，逐渐成为企业履行社会责任的一个重要选择。诺华中国（以下简称"诺华"）是世界三大制药企业之一诺华（Novartis）集团的中国分部。作为全球知名的医药健康企业，积极履行企业社会责任，关注可持续发展及气候变化，历来是诺华的核心关切。2010年诺华启动的"诺华川西南林业碳汇、社区和生物多样性项目"引发了社会公众对林业碳汇项目及其实施过程的关注与好奇。

本案例梳理了林业碳汇项目实施的一般流程与步骤，结合碳汇、碳足迹、碳中和、清洁发展机制（CDM）、利益相关方参与合作、公共治理等理论知识点，探讨了项目实施过程中的管理创新点和启示，旨在深入讨论碳交易的市场机制、林业碳汇项目的综合效益最大化、引入市场机制以应对全球气候变化，以及利益相关方参与合作理论的基本原理等话题。

诺华的碳汇项目立足中国国情与实际，在积极对接全球绿色贸易流通体系的同时，探索出了一条切实可行的绿色低碳发展之路，是值得推广和借鉴的减排案例。我们希望通过本案例的讲述，引导读者思考新时代背景下，碳汇项目如何兼顾经济效益、社会效益、生态效益并实现综合效益最

---

* 本案例纳入北京大学管理案例库的时间为2020年3月20日。

大化，了解碳汇项目在具体实施过程中遇到的挑战和困难、难点和堵点，衡量利益相关方参与合作的启示，并分析该项目与"洗绿"行为如何进行区别。

四川省西南部的大凉山地区，位于长江上游的金沙江和长江的二级支流大渡河流域，是大熊猫等珍稀濒危物种的重要栖息地。然而，自20世纪50年代以来，由于该地区乱砍滥伐引起了严重的水土流失问题，自然生态遭到不同程度的破坏。2010年，诺华正式在该地启动"诺华川西南林业碳汇、社区和生物多样性项目"（以下简称"诺华川西南林业碳汇项目"），用实际行动履行"承诺中华"的企业责任。

诺华川西南林业碳汇项目是诺华在全球的第三个"抵消碳足迹"项目。该项目是在《京都议定书》合作框架下以CDM为运作结构的碳汇项目，旨在开发和示范多重效益的造林、再造林碳汇项目，以促进碳吸收、增强生物多样性保护以及提高其他环境效益、促进乡村社区发展并增强周边自然保护区适应气候变化的能力。[1]

实际上，企业在减少碳排放的责任实践过程中，存在多种路径选择。在遵守《联合国气候变化框架公约》或《建立世界贸易组织的马拉喀什协议》等国际规则的情况下，企业可直接在国际市场上购买经核证的减排量（Certified Emission Reductions，CERs）。

诺华为什么会选择计入期30年（2011—2041）且投入资金和人力巨大的林业碳汇项目？项目实施的过程中探索出了哪些创新管理的模式机制？未来又将如何提高相关碳汇林的综合效益？

一、气候大会与中国减碳计划

近些年，"全球气候变暖"的趋势愈来愈明显，引发了国际社会的高度关注。1992年6月4日，在巴西里约热内卢召开的"地球首脑会议"上通过了《联合国气候变化框架公约》。《联合国气候变化框架公约》的最终目标是将温室气体控制在一个"人类活动不会扰动气候变化"的稳定的水平。

1997年12月11日,在日本京都召开的《联合国气候变化框架公约》第三次缔约方大会上,149个缔约国家/地区代表通过了《京都议定书》,《京都议定书》首次将市场机制引入气候问题的应对与解决上[2],提出了三种"碳交易市场机制",即国际排放贸易机制、联合履行机制、清洁发展机制。该协议于2005年2月16日正式生效,获得全球156个国家和地区的批准。[3]

2009年12月,哥本哈根世界气候大会(《联合国气候变化框架公约》第十五次缔约方大会)在丹麦首都哥本哈根召开。根据《哥本哈根协议》①,"发达国家应向《联合国气候变化框架公约》秘书处提交或通报2020年减排目标,发展中国家则可通报自愿减排计划或者温室气体控制行动计划"。中国也在哥本哈根减排大会上承诺,到2020年时,中国将在2005年的基础上将单位GDP的二氧化碳排放量减少40%~45%[4,5]。

虽然《哥本哈根协议》并不具有法律约束力,在公平性方面也存在争议,但从整体上来讲,这是国际社会共同应对气候变化迈出的具有重大意义的一步,特别是其中的第6款、第7款和第8款之协定,对于实际推动减排降碳计划具有重要意义。

二、诺华简介[1]

诺华集团是世界三大制药企业之一,总部位于瑞士巴塞尔,集团业务遍及140多个国家和地区,在全球拥有超过12.5万名员工。诺华集团的前身可追溯到数百年前的三家瑞士公司:嘉基公司、汽巴公司、山德士公司。早在18世纪时,嘉基公司已开始在中国推广染料,汽巴公司与山德士公司也先后进入中国。

诺华集团的业务范围涵盖创新专利药、眼科保健、非专利药、消费者

---

① 《哥本哈根协议》为《京都议定书》一期协定/承诺到期后的补充后续方案。

保健和疫苗及诊断等多个领域。作为全球知名医药健康企业，诺华集团运用创新科学和数字化技术，在医药健康需求增长的领域创造变革性的治疗方法。全球已有近 8 亿患者受益于诺华集团的产品。

"诺华"成立于 1997 年，主要包括：诺华肿瘤、诺华制药与山德士。截至 2024 年，诺华在中国有 8 000 多名员工。诺华在国内建有两大生产基地，并在北京、上海和江苏设立了研发机构。从研发、采购、生产到销售，诺华以多元化的业务组合，全面服务中国人民的健康。"诺华"的名字取意为"承诺中华"，即承诺通过不断创新的产品和服务致力于提高中国百姓的健康水平和生活质量。作为中国青蒿素原料"最稳定、订单最大"的采购方，诺华每年向中国收购的青蒿素原料约占中国总产出的 90%。

负责任的业务运营是诺华企业社会责任工作的一个重点。诺华在全球范围内积极履行企业社会责任，关注可持续发展及气候变化，力争成为全球可持续发展的标志性企业。

三、抵消碳足迹

瑞士和中国都是较早加入《联合国气候变化框架公约》的缔约国之一，在《联合国气候变化框架公约》框架下同时参加了《京都议定书》和《哥本哈根协定》。不同的是，瑞士是发达国家，中国是发展中国家，各自代表的身份不同，相应的需要履行的义务也不尽相同[3]。要真正实现发达国家减少碳排放的需要和发展中国家实现绿色发展利益诉求的平衡异常困难。但在《京都议定书》的框架下，中瑞双方都本着改善全球气候变化的目的，在争议中积极求同，共同推动涉及全人类的气候变暖及其他问题的解决。

在《京都议定书》框架下，各国政府及企业的实践为抵消碳足迹提供了多种方式方法的指引，其中包括但不限于：

节能技改项目。科技创新是企业发展的重要竞争力，同样也是促进环境保护的有力手段,通过开展节能技改项目,包括但不限于锅炉(窑炉)改造、余热余压利用、电机系统节能、能量系统优化、绿色照明改造、建筑节能改造等减少企业的碳排放总量。

新能源使用与开发。能源结构与能源消费总量一样直接影响企业的碳排放总量,面对能源需求不断增长带来的碳排放压力,大力发展太阳能、风能、地热等新能源发电成为很多企业减少碳排放的共同选择。

碳交易实现碳中和。碳中和的实现通常是通过专门的碳交易市场对森林的生态功能进行"有价"转换,一般由排放者、减排者及交易机构(中介)三方来完成。通过"碳交易实现碳中和",可以直接在碳市场上购买经核证的二氧化碳减排量,也可以付款给专门机构,由该机构通过植树造林或其他的环保项目抵消大气中相应的二氧化碳。

组织倡导低碳行动。通过开展绿色办公、提倡员工绿色出行、厂区内进行植树造林等系列举措,在生产经营管理的细节中减少碳排放、开展低碳行动。

种植碳汇林。通过森林植被将大气中的二氧化碳吸收并固定在植物或土壤中,从而降低大气中的二氧化碳浓度,这是碳汇林的主要用途。[6]一些企业或者机构通过种植碳汇林的方式,来为自身争取更大的碳排放权,或者把树木生长过程中的固碳量卖给那些有减排需求的企业。

在中国节能减排的政策背景下,外资企业在中国一直都处于风口浪尖,面临"节能减排双重标准"的质疑。在"超国民待遇"被彻底终结之后,外资企业若想在中国实现长久的可持续发展,更应该紧跟中国的政策走向,立足中国实际,摸索出自己的减排新道路。

四、诺华川西南林业碳汇项目的确立

诺华在生产运营的各环节都十分重视生态效益和环境保护,通过不断提高企业的能源效率,降低温室气体的排放量,以期为中国的绿色发展与节能减排做出自己的贡献。作为企业战略的一部分，诺华坚持通过技术创新、优化管理等措施，提高企业的能源效率，以减少企业的碳足迹。诺华实施了一系列综合的内部能效项目，坚持较高的内部生产环保标准，提倡绿色办公、绿色出行，全力减少碳排放，致力于将运营中产生的温室气体排放总量降至最低。

在确定减排方案的过程中，诺华意识到单纯通过碳汇配额的购买、交换等方式虽然也能达到减排的目的，但除此之外，也可以通过选择建造碳汇林来做具有多重效应且能惠及更多人群的事情，因此最终选择了建造碳汇林的方式。并且，诺华一直秉承"选择对的事就不怕麻烦"的做事理念。

继在南美的阿根廷和西非的马里成功开展"抵消碳足迹"项目之后，诺华又将目光投向了亚洲地区。对于诺华而言，中国与其业务有着深厚的渊源，自诺华进入中国以来，一直坚持履行企业社会责任，为中国的社会事业也做出了较大的贡献。经过一番系统了解和深思熟虑之后，诺华决定将新的抵消碳足迹项目放在中国。那么，这个抵消碳足迹项目应该选在中国哪里呢？

为了解决这一问题，自2009年3月起，诺华项目团队组织开展现场考察与调研，并经过环保组织推荐和前期的基础性信息收集，在内蒙古、云南和四川三个备选区域中最终确定了四川为最佳项目地点。

> 当时，包括四川、内蒙古、云南都是诺华在中国开展抵消碳足迹项目的备选区域。2010年我来到现场考察之后确定四川就是最佳项目地点，因为这里是生物富集区之一，但是森林退化得很严重。[7]
>
> ——马库斯·莱尼（Markus Lehni），诺华集团全球环境可持续顾问

诺华最终选定的项目地位于四川省西南部的凉山彝族自治州，该区域是32个中国生物多样性保护优先区——横断山南段优先区，是大熊猫最南端的栖息地。历史上人类长期不合理的林地资源利用致使该地区森林植被锐减且一直没有得到有效恢复，大多数地块处于石漠化状态，水土流失严重，生态环境的破坏也威胁着大熊猫等野生动物的生存。此外，凉山彝族

自治州是川西南生态脆弱的少数民族边远山区，许多农民生活在贫困线以下，成为国家脱贫攻坚的重点区域。基于环境、生物多样性以及社区多重因素的综合考量，诺华最终选择了川西南地区作为项目地。

2009年10月，诺华川西南林业碳汇项目首次协调会在成都召开，会上确定了在川西南大熊猫栖息地所在的凉山彝族自治州为主开发地的项目概念书。12月，经与合作伙伴探讨和实地考察备选县，最终确定在甘洛、越西、昭觉、美姑、雷波5个县和马鞍山、申果庄、麻咪泽3个自然保护区及周边社区实施该项目。

五、树种选择

2010年6月，经过审慎、客观的实地调查和研讨，最终形成了可供操作的项目概念书，在经过诺华的正式认可后，2010年12月，该项目在成都举行了启动仪式暨新闻通报会。项目概念书确定了以3 000米海拔常见的云杉、冷杉作为种植树种。但是这两种树种生长得比较慢，幼年期的时候每年只长一两厘米，十年后生长速度才会大幅提高。那么，为什么选择长势这么慢的树种呢？

在CDM交易结构下，许多碳汇项目更愿意选择快速生长的树种，如杨树、刺槐、桉树等木质能源树种，因为森林减排量的评估指标之一就是木材生长量。森林每生长1立方米的木材，就能从大气中吸收1.83吨二氧化碳。然而，诺华充分考虑到地块的自然条件和原生树种，为确保苗木的存活率，选择云杉和冷杉。虽然生长周期漫长，但一旦成活寿命能达到上百年，能长到五六十米，三四个人才能合抱。此外，选择的树种还要保证生物多样性，不能影响如高山杜鹃、落叶松等原生物种的生长，同时还能防止病虫害造成的大面积损伤，形成乔木、灌木、草本结合的生长模式，如此才能产生最佳的生态效益和碳汇量。正如诺华副总裁陈小晶所说："诺华的理念就是，选择做对的事，而且不怕麻烦，不怕费劲，并一直做下去。"

事实上，从一开始诺华就不怕麻烦。大自然保护协会首席碳汇专家张小全博士介绍说："当时诺华希望在中国做一个碳汇林项目，最初讨论时，我们就建议诺华，如果只是为了抵消排放，可以到碳交易市场上购买，这样的减排量价格并不贵。但诺华希望在抵消碳排放之外，还能在社会、环境方面产生其他的附加效益，因此诺华就跟大自然保护协会开始合作这个项目。"

六、项目实施

项目启动前期，经与相关政府部门和国际组织磋商，诺华川西南碳汇林项目得到了四川省林业和草原局、大自然保护协会、四川省大渡河造林局、凉山彝族自治州林业和草原局以及当地政府和社区的大力支持。项目由诺华、四川省林业和草原局、大自然保护协会和四川省大渡河造林局共同开发。[9,10] 2011 年项目进入开发阶段。作为外资直接与中国合作的第一个造林减排碳汇项目，许多工作都需要摸着石头过河。

为了保证项目顺利落地实施，四川省林业调查规划院和山水自然保护中心共同参与项目设计。同时，在大自然保护协会的牵头下，由四川省林业调查规划院、大渡河造林局、凉山彝族自治州林业和草原局、项目所在地 5 个县的林业和草原局，以及 3 个保护区的专家和技术人员共计 130 余人参与的基线测量小组和社会经济调查小组组建成立。

由于诺华川西南林业碳汇项目采用 CDM 所要求的标准开发实施，并同时满足气候、社区及生物多样性联盟（CCBA）标准要求，因此编制了《诺华川西南林业碳汇、社区和生物多样性项目基线测量方法指南》《诺华川西南林业碳汇社区和生物多样性项目参与式乡村评估（PRA）指南》，并组织开展了相应的项目开发方法培训。

自 2011 年 3 月起，项目基线测量小组和社会经济调查小组在各县林业和草原局的主持下，历时 3 个月完成了野外调查、社区访谈、生物多样性调查和造林设计等工作，形成了《诺华川西南林业碳汇、社区和生物多样性项目基线调查报告》《社会经济调查报告》《生物多样性调查报告》和《造林经营设计》等 4 个专题报告。与此同时，大渡河造林局与项目地块土地所有者签订了土地使用合同 27 份。

为什么要做项目基线调查呢？因为在 CDM 框架下，碳汇项目有一定的规则和程序。项目基线可以证明基准情景，即在没有碳汇项目的情况项目地的碳汇变化，以便甄别碳汇项目的实际减排效果。

2011 年 8 月，项目设计文件完成并通过项目专家委员会的审核后上报主管部门审批和提交第三方审定机构审定。2012 年，第三方审定机构对项目进行审定，经过文件审查、现场核查、关键人员访谈等环节最终通过了审定。2013 年 2 月，项目通过国家发展和改革委员会审核批准并在联合国清洁发展机制执行理事会注册；2013 年 3 月，获得气候、社区及生物多样性联盟（CCBA）金牌认证。

项目实施过程中形成的各相关方（诸如政府、企业、专业环保组织等）"多方协调、多元共进"模式，以及以科技为项目支撑的创新管理办法，成为项目成功推进的"秘籍"[10]，主要表现在：

1. 通过组建指导委员会与专家委员会，形成高效运行的项目组织管理架构

诺华与四川省林业和草原局、大渡河造林局，以及包括大自然保护协会、山水自然保护中心在内的专业环保组织组建了专业的指导委员会与专家委员会，指导委员会负责制定决策，专家委员会负责把握技术。这种组织管理架构，一方面可以相对全面、准确地体现各相关方的现实诉求，另一方面也有利于统筹协调各方资源，以便对项目实施过程中遇到的问题进行及时的沟通、讨论并形成有效的解决方案。

2. 制定管理办法，明确工作程序

为了保证项目的有序运转，项目团队先后组织制定了《诺华碳汇项目管理办法（试行）》《诺华碳汇项目财务管理手册（试行）》《诺华碳汇项目造林成效检查验收办法》，在项目计划管理、资金管理、质量管理等方面

建立健全了一系列管理制度和办法,并组织开展专题培训、研讨,明确了相应的工作程序。

3. 建立多种形式的沟通机制,强化项目信息的系统披露和动态反馈

在项目推进的各个阶段,诺华与项目团队成员充分利用实地调研、现场走访等方式,与政府部门、当地居民及相关专业技术人员就当地的气候土壤条件、项目收益情况等进行了深度沟通,并达成了相关共识。走访工作结束后,走访报告会被提交到专家委员会和指导委员会进行充分讨论,形成反馈意见并指导下一步工作的开展。同时,诺华与项目团队也十分注重意见的搜集和反馈。在这样的机制下,各方的工作得到了有效协调,工作效率大大提高,确保了项目有条不紊地向前推进。

七、项目初期遇到的问题

虽然此前诺华和项目各方都做了大量的准备工作,但在实施过程中还是遇到了不少问题。其中风险最大的两个问题为"植被成活率引发的项目减排量可能不足"以及"社区居民环保意识缺乏导致的林牧冲突"。

一方面,由于项目地块位于高寒高海拔地区,气候条件特别恶劣,一年当中适合苗木栽种和生长的"黄金时间"非常短暂,加之高原地形复杂,同一区域的不同地块存在小气候圈,也容易导致苗木存活率低。另外,项目地块处于大凉山腹地深处,交通极为不便,很多车辆无法到达的地块需要人扛马驮才能将物资运输上去,增加了苗木运输、栽培的难度,进而影响成活率。此外,由于适宜项目地块种植的树种不多,生长缓慢的冷杉和云杉面积占57.7%,达2 420.5公顷,加之调减面积按规则不允许项目边界外地块补充等因素的影响,诺华与项目团队担心项目的减排量无法达成预期的目标。

另一方面,当地居民多以畜牧业为主要经济来源,加上收入较低、环保意识薄弱,一些群众不理解荒山植树,认为种树占用了他们的牧场,林

牧冲突问题突出，牛羊对苗木啃食严重，一些栽种的苗木枯黄死亡或遭到破坏。项目团队曾设想通过围栏护林的方式来改善，但是，当地百姓不理解，矛盾冲突较大，一度出现围栏被盗和蓄意人为破坏的情形，导致需要反复补植，有的地块已经补了四五次了，苗木的成活率依然较低。

这些问题引起项目相关方的严重关切，诺华该如何处理已出现的问题呢？

八、摸索创新，解决问题

针对已经出现的风险和问题，诺华在通盘冷静考虑之后，决定将该项目涉及的所有相关方聚拢起来，以平衡各方诉求，积极主动地探索解决方案。

1. 社区沟通和参与，成立地方协调委员会

为了有效解决项目的林牧冲突问题，保障造林苗木的成活率，以实现减排的预期目标，诺华十分注重发挥地方政府的作用，成立了协调委员会，由大渡河造林局负责统筹协调，乡镇政府组织当地百姓进行种植与日常管护等工作，并配备相关管护人员常年进行巡护，同时，在项目地设置围栏以防止牛羊进入，并通过宣传碑牌、制定村规民约等措施引导村民共同参与。

同时，聘请当地彝族老乡或威望很高的牧民作为护林员，通过保护区工作人员与护林员在当地挨家挨户做沟通。慢慢的，当地百姓重新理解了植树造林的意义，也知道最终的树木还能归他们所有，而且是可以合理经营的。

通过在项目中担当护林员，百姓不但解决了自身的收入问题，通过切实的接触和参与，他们还对项目有了更深的了解和认同：毕竟，林木长起来之后对他们来讲利大于弊，且可继续放牧。因此，林牧冲突的矛盾开始逐步缓解，百姓的放牧活动也一定程度上得到了管理。牛羊进入造林地的频次开始减少，有效推动了项目地苗木成活率的提升。

2. 加强培训，增强当地群众的环保意识

为了更好地推动项目的落地，提高种植苗木的成活率、增强当地百姓的自然保护意识和护林技能至关重要。为此，项目团队通过多种方式进行知识培训和专业技能教育，组织当地百姓开展诸如林地保护、造林、森林经营与管理等方面的培训，帮助他们改变观念、培养技能，提高社区百姓在种苗培育、造林和森林管护等方面的技能水平，增强其生态保护、生态文明意识。

3. 扶贫攻坚助力社区发展

由于项目所在地为川西南少数民族聚集的边远山区，生态十分脆弱，所涉及的5个县均为国家级贫困县，项目区内的4 265户农户约1.8万余人中有97%的人口为少数民族，且很多都生活在贫困线以下。[10]如何让项目地群众脱贫致富成为诺华重点关注和思考的问题。

为此，项目采取百姓自建与招标给专业队伍或造林大户承包相结合的方式，广泛动员当地社区百姓参与，使贫困百姓能够通过自己的劳动增加收入。项目后期，抚育管护还将持续带来50余个长期的生态管护岗位以及除草、间伐、采伐等短期工作机会。未来百姓在诸如碳汇林抚育、修枝、间伐等森林经营管理方面还将持续获得收益，可一定程度上提升当地贫困人口的收入水平。除此之外，诺华川西南林业碳汇项目还与四川农业大学在多种经营方面探索建立示范基地，提高百姓在林业经营管理方面的技术和能力，为当地的脱贫攻坚打下坚实的基础。

九、创造综合价值最大化示范项目

在项目各方的共同努力下，经过近十年坚持不懈的发展，诺华川西南林业碳汇项目在改善生态环境、增强生物多样性以及提高社区经济水平等方面取得了阶段性的成果。已经成为"凉山彝族自治州地区可持续发展的重要支柱"。2018年12月19日，在成都举办的诺华川西南林业碳汇项目成果报告会暨应对气候变化企业可持续发展峰会上，项目专家小组就诺华川西南林业碳汇项目的执行情况和效果进行了研讨。与会专家一致认为，诺华川西南林业碳汇项目目前主要有四个方面的价值：造林成效总体良好、栖息地植被逐步恢复、社区百姓收入持续增加，以及项目示范效应初显[11]。

（一）造林计划基本完成，成效总体良好

经过项目各方近十年持之不懈的植树造林和持续性补植，到 2019 年时，已完成造林 4 095.4 公顷，栽植和补植冷杉、云杉、华山松等各类苗木约 2 100 万株。经验收检查，总体造林成效较好，项目地块植被正在稳步得到恢复。

（二）栖息地植被稳步恢复，生物多样性逐步提升

在四川省凉山彝族自治州的 5 个县以及申果庄、麻咪泽、马鞍山 3 个大熊猫自然保护区等被采伐后没有得到恢复的退化土地上，通过该项目开展的植被恢复和前期的封山管护工作，项目地块不仅造林树种长势良好，地块内的灌木和草本植物也逐步恢复，有效缓解了水土流失问题，给当地气候变化带来了积极影响。同时，植物多样性促进动物回归，野生动物数量有不同程度的增加。项目所在地也是中国生物多样性最富集区、全球生物多样性保护的热点地区和大熊猫的重要栖息地。项目通过在 3 个保护区内及其周边社区的退化土地上应用当地树种恢复森林植被，增强了保护区之间及其周边缓冲带和走廊带森林的连通性，改善了大熊猫等野生动物的栖息环境。

（三）社区百姓收入持续增长，助力当地脱贫增收

过去 10 年，诺华川西南林业碳汇项目为当地百姓带来了较为直接的收入来源和就业机会，从而较好地实现了项目在生态扶贫、减贫方面的社会功能。据诺华方面的初步统计，当地百姓通过参与诺华川西南林业碳汇项目，在整地、栽植、补植补造、围栏建设等方面累计已形成超过 2 600 万元的劳务收入，通过在项目区培育苗木而产生的收益也超过 1 300 万元。二者占目前总投入资金的 66.1%，项目区百姓人均增收 2 160 余元。[12]项目的实施同时为当地农户提供了参与社会活动的机会，促进了干部、百姓、技术人员相互之间的紧密互动，增强了社会凝聚力。

（四）项目管理能力增强，示范效应初显

在项目开发、执行过程中，相关专家围绕应对气候变化和林业碳汇主题，为项目的管理和技术人员开展了一系列的培训，让他们了解项目概念，熟悉国际、国内关于林业碳交易的模式和机制，相关人员项目开发、实施和管理的能力不断提升。诺华川西南林业碳汇项目为林业碳汇项目的开发实施和研究提供了范例，相关企业、科研院所、非政府组织、林业主管部门多次组织人员调研、交流项目情况，部分机构还依托项目开展了专题研究或申报了重点课题。

此外，大渡河造林局与四川农业大学合作，把林业碳汇项目与科技扶贫相结合，共同实施森林碳汇扶贫示范工程项目。各项目县还结合实际开展了碳汇林示范点建设，为项目的实施提供样板和经验。

十、10年树木，30年树什么？

诺华川西南林业碳汇项目已经走过10年时间，进入项目运行期。诺华副总裁陈小晶介绍：诺华川西南林业碳汇项目的未来任重而道远。在长达30~50年的森林管护期，还需要大家共同持续努力才能最终完成。环境的可持续发展是政府、企业和社会各界需要共同面对的问题，诺华愿意携手政府和社会各界，一起为环境保护做出应有的贡献。[13]

如今，苗壮成长的苗木以点成片，使大凉山重新焕发了生机。随着项目的持续推进，项目地块内的苗木成活率和植被正在逐步恢复，同时，大熊猫的栖息地也得到了改善和扩展。参与项目整地、栽植、补植补造、围栏建设的社区居民获得了更多的就业机会与经济收入，林业经营管护技能明显提升。

站在新起点回首来时路，有成功的喜悦，也有突破困难的艰辛。如今，诺华川西南林业碳汇项目实际执行时长还不到总期长的1/3，未来20年甚至更久的时间可能还会遇到其他意想不到的困难，例如各种自然原因、不可抗力所引起的山林火灾，以及其他可能引起碳汇减产的各种因素或风险。

因此，诺华川西南林业碳汇项目未来还有很长的路要走。项目各方，包括项目主管单位、项目实施机构和林权所有者等在内，都将面临打"管护持久战"的考验。

俗话说"十年树木"，项目做到了这一点，不仅如此，它还将树立企业履行社会责任的标杆，引领碳汇项目"遍地开花"的趋势。虽然前路漫漫，诺华及项目各方仍然充满信心，未来也将继续加强协作，以扩大林业碳汇的辐射力和影响力。

参考文献

1. 第一财经．诺华：扎根中国，承诺中华［N/OL］．第一财经，（2018-12-19）［2024-12-31］．https：//baijiahao.baidu.com/s?id=1620295249916582421&wfr=spider&for=pc．
2. 张小溪．碳中和机制下的中国可持续发展［J］．中国发展观察，2021，（21）：42-43．
3. 危敬添．《联合国气候变化框架公约》的历史和现状［J］．中国远洋航务，2009，（11）：26-27．
4. 李威．论共同但有区别责任的转型［J］．南通大学学报（社会科学版），2010，26（5）：36-43．
5. 孙晓丹．应对气候变化的中国碳贸易机制及法律问题研究［D］．青岛：山东科技大学，2011．
6. 石晓丽，吴绍洪，戴尔阜，等．气候变化情景下中国陆地生态系统碳吸收功能风险评价［J］．地理研究，2011，30（4）：601-611．
7. 李思楚．十年树木，百年树人：诺华川西南林业碳汇项目考察纪实［J］．可持续发展经济导刊．2019（6）：38-41．
8. 张小全谈诺华川西南林业碳汇项目［EB/OL］．（2015-01-13）［2024-12-31］．https：//huanbao.bjx.com.cn/news/20150113/581430.shtml。
9. 赵钧．诺华川西南生态碳汇林：创新政企合作模式探索多重生态环保效应［J］．WTO经济导刊，2014，（10）：38-39．
10. 李思楚，于志宏．投资当下，为未来买单：诺华碳汇林牵动凉山州全面发展［J］．可持续发展经济导刊，2019，（Z1）：83-85．
11. 四川最大的林业碳汇项目 诺华川西南林业碳汇项目成果报告发布［EB/OL］．（2018-12-19）［2024-12-31］．https：//www.sc.gov.cn/10462/10464/10797/2018/

12/19/10465502.shtml.

12. 四川最大林业碳汇项目 8 年来完成造林 4095.4 公顷 [EB/OL]. (2018-12-18) [2024-12-31]. https://baijiahao.baidu.com/s?id=1620194300537379182&wfr=spider&for=pc.

13. 皮磊. 坚持可持续发展诺华环保项目成效显著 [N/OL]. 公益时报, 2019-01-08 [2024-12-31]. http://www.gongyishibao.com/html/gongyizixun/15695.html.

03

生态文明

阿拉善SEE生态协会的战略规划
王铁民、张媛、邬瞳、吴碍

阿拉善SEE生态协会：慈善信托破冰之旅
徐菁、张媛、邬瞳、王卓

要影响力还是要解决实际问题？——美团外卖"青山计划"的缘起与发展
杨东宁、王小龙

阿拉善 SEE 生态协会的战略规划*

王铁民、张媛、邬瞳、吴碍

🗨 创作者说

阿拉善 SEE（Society of Entrepreneurs and Ecology）生态协会（以下简称"阿拉善 SEE"）是一个由企业家发起和参与的公益组织，它有着鲜明的个性和独特的价值观，在中国公益领域中扮演着重要的角色，也在国际公益领域中有着显著的影响力。

本案例讲述了阿拉善 SEE 自 2004 年 6 月成立后的成长和转型，从中折射出中国公益事业的发展历程和趋势。本案例着重回顾了阿拉善 SEE 的三次战略规划过程，强调了公益组织的战略规划往往与治理架构的梳理紧密相关。阿拉善 SEE 的治理架构，展示了一个中国典型的非营利性组织对利益相关者的管理实践：阿拉善 SEE 的利益相关者有哪些？他们的权利和义务如何界定、划分？阿拉善 SEE 日常运营中如何平衡多元的利益诉求、如何协调这些利益相关者之间的沟通和合作？这些问题都可以通过案例研讨来寻找答案。此外，公益组织在战略规划中尤其需要明晰组织的使命、愿景和核心价值，并在此基础上进一步界定重点业务方向和领域，落实相关保障举措。

本案例希冀帮助读者了解公益组织的基本概念和分类，通过复盘阿拉善 SEE 的战略制定和调整，帮助读者了解战略规划的核心内容，并了解利益相关者管理的重要性和复杂性以及公益组织的利益相关者分类与管理策

---

* 本案例纳入北京大学管理案例库的时间为 2017 年 12 月 23 日。

略，从而引发读者对公益组织发展挑战和机遇的关注，并就如何提升公益组织的影响力和可持续性进行思考。

引言

2015年9月9日，腾讯公益慈善基金会联合数百家公益组织、知名企业、明星名人、顶级创意传播机构共同发起一年一度的全民公益活动——"99公益日"。2017年9月7日到9日，1 268万人次在"99公益日"主动捐出8.299亿元善款，为6 466个公益项目贡献力量。加上腾讯公益慈善基金会和爱心企业伙伴的配捐，善款金额总计超过13亿元。

2016年9月1日起开始实施的《中华人民共和国慈善法》规定，依法登记满二年的慈善组织，可以向其登记的民政部门申请公开募捐资格。这标志着长期以来社会慈善组织难以取得的公募权开放了。腾讯拥有大流量平台，加上百余个拥有公募资质的基金会作为杠杆，撬动了广大非政府组织（NGO），将公益项目带到亿万网民面前。这是中国公益事业快速发展的一个缩影。

众多公益组织进入人们的视野，其中阿拉善SEE公益组织依靠"一亿棵梭梭""任鸟飞""留住长江的微笑""诺亚方舟""创绿家""劲草同行"等品牌项目筹款形势喜人。阿拉善SEE2017年"99公益日"获得56.9万人次支持，5 432万元捐赠，连续两年位居全国公益组织领域十强之一、环保组织领域第一名。

一、阿拉善SEE介绍

2001年夏天北京申奥成功后举国欢庆，但来年3月一场漫天的沙尘暴让人犯了难。这场沙尘暴给北京奥运成功举办的前景蒙上了一层厚厚的黄色阴影。大部分沙粒通过高空从西北地区的干旱沙漠传输而来。历经上万年自然形成的沙漠并不可怕，但草原、绿洲的荒漠化却是导致沙尘暴的大问题。人们对于环境保护的不重视和过度放牧、开垦耕地、抽取地下水等不正确的用地方式造成了草原、绿洲的荒漠化。政府从20世纪70年代三北防护林工程就开始逐步实施"退耕还林""退耕还草"以治理荒漠化,但是牧民要生活就要放羊、砍树、抽取地下水,生活方式的改变需要包括经济补贴在内的诸多帮助。

2003年国庆假期,内蒙古阿拉善盟月亮湖旅游度假基地迎来了一批企业界、媒体界的客人。这些客人要想抵达位于沙漠深处的旅游度假基地宾馆,需要乘吉普车在高高耸立的沙丘上颠簸40多分钟,这被称为"沙漠冲浪"。正是这次"沙漠冲浪",让首创集团董事长刘晓光(阿拉善SEE首任会长)受到了震撼,也感受到了人类在自然面前的渺小:"每个人就像沙子一样微不足道,亿万富翁算得了什么?"这次旅游过程并没有讨论或提出筹建阿拉善SEE生态协会,但刘晓光对荒漠化的体会及其此行与众多企业家的人脉关系为日后的故事埋下了伏笔。

为了奥运会的顺利召开,意大利政府承诺帮助治理北京的大气污染。2003年年末,首创集团董事长刘晓光陪同政府领导出访意大利,意大利政府同意资助1 000万欧元,中方也要匹配1 000万欧元,相当于1亿元人民币。上哪找这1亿元人民币?刘晓光想到了有钱、有识的企业家群体。但"企业拿钱也得经过一个程序,个人拿钱也得有一个量"。刘晓光想起了投行的做法,"把它分割成很细小的一块块,让你长流水不断线。每次你就交10万元。交了10年,你就是终身会员了。招募100家,这样压力就小多了嘛"。下一个问题是:谁来加入?"我打了上百个电话,给点面子的进来治沙了;不给面子的,你也甭来了,咱俩也不用打交道了,生意也不做了!"电话请来的人里包括万科创始人王石(阿拉善SEE第二任会长)。

2004年2月14日,第一次筹备会有16人参加,包括刘晓光、宋军(北京九汉天成有限责任公司董事长,月亮湖旅游度假基地由该公司修建,阿拉善SEE首任副会长)、杨平(《华夏时报》执行总编,阿拉善SEE首任秘书长)、林荣强(清华同方环境有限责任公司董事长)、张树新(联合运通公司董事长,阿拉善SEE首任副会长)、王巍(全国工商联并购公会会长)、刘京（公益时报社社长)等。张树新将这次与各参会企业和机构主业无关的会议称为"企业家的集体出轨"。刘晓光在其中起着核心和旗手的作用，主要的策划和行动都向他汇报。此外，宋军负责组织推动，杨平负责组织协调，杨鹏（阿拉善 SEE 专家）为策划案和《阿拉善 SEE 生态协会章程》（以下简称《章程》）的起草人。刘晓光在会上说："内蒙古的荒漠化、沙化程度正在加剧，草原被侵蚀，我们能不能在那儿创造一个经济—生态良性循环的模型，制止生态恶化的势头，为其他地区的治沙树立一个榜样？这是一件有意义的事。大体的思路就是：第一步，我们企业家先在一块儿策划策划，形成方案；第二步，发起一个很好的宣言，颁布一个初步的基金经营管理办法；第三步，积极争取资金；第四步，行动起来，进行项目建设；第五步，设立一个规范化的生态基金并使其良性循环起来。"

40 天后，第二次筹备会有 18 人参加，会上刘晓光说，"我们最关心的就是阿拉善 SEE 一定要规范好。这里没有任何私心杂念，没有任何企业的利益，而是一种公益的东西"。

2004 年 6 月 5 日是世界环境日，阿拉善 SEE 宣告成立。它的定位为：中国首家以社会责任（Society）为己任，以企业家（Entrepreneur）为主体，以保护生态（Ecology）为目标的环保公益组织。由于手续烦琐，基金会没能成立。大会采用不排座次的圆桌会议形式，参会人随意入座，这也成了阿拉善 SEE 的传统。这并不是一次一帆风顺的成立大会，前一天晚上理事们争论到了深夜 12∶00：环保公益业务是只停留在阿拉善还是超越阿拉善？虽然前者的支持者以 29∶22 的票数获胜，但是反对者认为重大议题应该超过三分之二的票数。可是，什么才是重大议题呢？最后，出于时间原因这项议案只能"原则通过"。而另一项关于执行理事等额选举的办法则被否决了。会务秘书组一直忙到凌晨 3∶00 点才重新设计好差额选举办法。这也成了阿拉善 SEE 的传统——任何重大决定、程序规则的合理性，会员们都不会袖手旁观，必须发言、辩论、表决。

根据《章程》和《阿拉善 SEE 生态协会选举办法》，执行理事会和监事会每 3 年换届且具有实质性权力，经差额选举产生 15 名执行理事、5 名监事。执行理事和监事再分别选举出会长、监事长。在此基础上，由会长提名、经执行理事会过半数选票通过产生秘书长。《章程》与《中华人民共和国公司法》关系密切，每位理事每年缴纳10万元，相当于股份有限公司中股东的股权完全平等，执行理事会内也实行一人一票制度。阿拉善SEE组织机构的核心是理事大会、执行理事会、会长、监事会、监事长和秘书长。理事大会是最高权力机构，执行理事会是决策机构，秘书处是执行理事会的执行机构，监事会则每年安排一次财务审计。从2009年起，阿拉善SEE将原本的理事大会、执行理事会、执行理事、理事分别改称为会员大会、理事会、理事、会员。

第一届管理班子共持续了3年零53天，由刘晓光任首任会长，杨平任首任秘书长，共召开过7次执行理事会、监事会联席会和3次理事会员大会。其间确定了实行预算管理制度、资金用于公益环保、不做经营性投资等基本原则。第一届执行理事会于2006年制定了第一版战略规划并在理事大会上通过。换届前初步达到了制度健全、组织完善。

由于第一届执行理事会人数过多，开会经常难以满足过半出席的要求，为了提高效率，2007年7月首次换届选举产生的第二届执行理事会人数压缩到了9人。刘晓光发表离职感言：大家坚持3年了，从"出轨"变成了"爱情"。他拒绝了有人请他做永久名誉会长的提议。经选举，王石出任第二任会长。当选感言中，王石强调自己的方针是"萧规曹随"。3个月后，杨鹏被任命为秘书长。在王石担任会长的任内，阿拉善SEE非常重视理事会员片区性的活动，其目的在于：一是发展会员，二是为片区做一些区域性环保项目。第二届管理班子在2008年12月还完成了阿拉善SEE成立之初就有的发起基金会的夙愿。

2009年10月，从2004年起便一直热心参与阿拉善SEE事务的台湾大成集团总裁韩家寰当选第三任会长。他任期内先后有过卢思骋、聂晓华这2位任职较短的秘书长。2011年5月，刘小钢在王石和韩家寰的邀请下出任秘书长，一直到2015年5月30日由王利民接任。4年间，刘小钢通过与韩家寰、冯仑等不同会长共事也体验了不同的工作方法和风格：韩家寰细致，冯仑抓大放小。在韩家寰任期内，阿拉善 SEE 的第二版战略规划得到了制定。在冯仑任期内，阿拉善 SEE 推动各片区相继成立了会员分部，冯仑反复提到了协会和基金会只有一个秘书处的合规性问题。2014 年，基金会升级为公募基金后，这个问题变得更为突出。2015 年 2 月至 6 月，在贝恩公司的帮助下，协会和基金会的治理得到了改善并有了第三版战略规划。2016 年 1 月换届后，钱晓华当选为阿拉善 SEE 第六届会长，秘书长为王利民。同年 4 月，张立出任阿拉善 SEE 基金会秘书长；2017 年 1 月，张媛接任阿拉善 SEE 秘书长。

经过十多年的发展，阿拉善 SEE 进入年亿元受捐额俱乐部。至 2017 年 8 月，阿拉善 SEE 有 13 个地方环保项目中心。至 2023 年年底，阿拉善 SEE 企业家会员近 600 名，设立的环保项目中心增加至 31 个，直接或间接推动了超过 1 200 家中国民间环保公益组织或个人的工作，累计带动超 10 亿人次成为环保的参与者和支持者。

二、2006 年的第一次战略规划

2004 年，阿拉善 SEE 在很大程度上是因理想主义的企业家们想要承担生态保护责任而自发联合并成立起来的组织，当时参与者只有一个模糊的防治沙尘暴的目标，对如何推进都没有经验。企业家的思维习惯是较为理性的，任何一笔资金、任何一个项目，都要有投入产出的核算，都要服务于一个聚焦的战略目标。但北京秘书处和阿拉善项目办的人员需要成长时间，荒漠化治理也没有想象中那么简单、可量化。在此情形下，理事们和执行人员之间的沟通和理解出现了问题。

2006 年 1 月 8 日，阿拉善 SEE 召开了一届四次执行理事、监事联席会，秘书处提交了年度工作计划。这份计划列举了一些重要事项，其中成立一个跨区域的公募基金会被列为协会转型最重要的工作之一："注册一家全国性的公募基金会，可使协会募集大规模的社会资金，从做事为主的组织转向募资与做事相结合的组织。"此外，组建专业化团队、深化完善现有项目，并在此基础上形成阿拉善 SEE 项目模式，也是这次会议后最主要的工作安排。

联席会召开时，协会聘用了 11 位工作人员，分布在北京办公室和阿拉善项目办。协会虽然是注册在阿拉善的地区性社会团体，但 2005 年"阿拉善 SEE 生态奖"的设立开启了对阿拉善以外地区环保组织的奖励和资助。北京办公室希望尽快成立公募基金会，部分执行理事也倾向于将资源重点放在阿拉善以外，而阿拉善项目办和另外一些执行理事则希望将资源重点配置到阿拉善地区。资源分配问题涉及战略定位问题，也涉及北京总部与阿拉善团队的权力分配问题。2004 年 6 月 26 日第一次执行理事会就确定了预算管理制度，但它有效的前提是协会战略目标清晰，不然项目安排就是无头苍蝇。

2006 年 3 月 4 日到 9 日，由副会长张树新、韩家寰、宋军，战略委员会主任武克钢，理事（会员）杨利川，刘晓光助理聂晓华，专家杨鹏、李岳奇，以及香港中文大学教授萧今组成的战略考察小组到阿拉善进行了为期 6 天的考察。

战略考察小组在调研讨论并达成共识的基础上，形成了《关于阿拉善 SEE 战略规划的建议报告》。在此次报告和此前专家经多次考察而形成的《阿拉善 SEE 生态协会的 713-71 行动计划》基础上，经过讨论和修订，完成了《阿拉善 SEE 生态协会发展战略》。该战略于 2006 年 7 月召开的执行理事会获得通过，梳理了协会两年来在阿拉善的工作，排在第一位的是社区发展项目，初步探索出了阿拉善 SEE 社区发展的"内生式发展"模式，即提高农牧民能力和社区公共事务自治能力。协会两年来共保护草场 170 万亩、梭梭林 14.53 万亩[①]，受益人口 1 267 人，此外还有环境教育、科学研究、国际合作等项目。截至 2006 年 6 月 30 日，阿拉善 SEE 理事会员为 85 名，两年内共收入 1 996 万元，账面余额 1 092 万元。

组织落实和推进战略实施的主体是阿拉善 SEE 执行理事会。以下是

---

① 1 亩 = 666.67 平方米。

2006年战略规划中识别出来的两大目标：第一，用3～5年时间，以阿拉善地区为重点，以社区发展项目为核心，形成成功案例，为中国荒漠化、沙尘暴的治理提供可以推广的经验和模式；第二，用5～10年时间，成为中国社会参与荒漠化、沙尘暴防治的具有专业能力和公信力的环保基金会。

经过成立以来两年多的摸索，阿拉善SEE在2006年7月通过的战略规划中对资金分配做出了安排：阿拉善地区的项目支出占60%，非阿拉善地区的项目支出占20%，管理费用支出占20%。人员支出之所以相比其他公益组织较高，是因为阿拉善SEE的众多企业家会员坚信：没有足够的招聘资金就没有高素质的人才，许多好的机会和资源只能白白流失。

在战略规划的制定过程中，大家也讨论了阿拉善SEE需要改进和完善的地方。关于组织的定位：阿拉善SEE是环保协会还是企业家的俱乐部？大多数会员认同环保公益概念，但也期待有一些会员服务。筹资能力方面，阿拉善SEE主要依靠会员会费支持项目，而一个健全的环保组织，应有其他资金来源，如政府资金、国际资金和其他社会资金。

战略规划制定过程也让阿拉善SEE有机会评估发展现状并反思自身劣势。首先是阿拉善SEE宽泛的宗旨目标，即减少和防治沙尘暴。沙尘暴是一个多重因素引发的现象，这使得会员难以形成单一清晰、易量化的战略目标。同时，沙尘暴主要危害北方，南方的许多企业家没有参与的热情。其次是在会员难以达成共识而阿拉善SEE人力、物力有限的情况下，协会难以满足不同理事的需求，导致会员流失率较高。组织管理上，阿拉善SEE从一开始奉行的理念就是每个会员都是平等的，那么，在保持平等的同时如何实现高效率的运作？没有先例可循，只能逐步摸索。既要保证广泛的会员参与和监督，又不会因观点分歧而分裂，如何将大家的问题和争论转变为建设性的共同行动，这是一个考验。

2006年9月23日，阿拉善SEE一届二次理事大会对《章程》进行了修改，执行理事会和会长改为两年一届。《章程》修改的目的是让更多人参与竞选、参与工作，但对执行理事会决策的稳定性提出了挑战。2007年7月理事会员大会上，《章程》又做了修改：会长不得连任但可隔届再参选，上届会长自动转为新一届执行理事和会员发展专门委员会主席。增加财务、项目、人力薪酬、会员发展等专门委员会，负责将秘书长报告的事项审核后向执行理事会报告。执行理事会可对专门委员会个数进行增删。成立章程委员会，由理事大会选举产生，吸收会员、秘书处等《章程》修改意见提交理事大会表决。

组织治理的完善不容易。2007年5月，在阿拉善负责项目执行的副秘书长邓仪向在北京办公室的秘书长杨平发送了一封公开信质疑其管理方法，杨平做了回复。随后阿拉善项目办的员工发送公开信指责杨平，北京办公室的员工发送公开信指责邓仪。这背后暴露出来的问题是北京办公室与阿拉善项目办"一个机构两张皮"，秘书处内部不团结，资金和项目管理权限不明确。为此，时任会长刘晓光和5位副会长召开了会议，把问题归结到自己头上，着手理顺冲突背后的组织制度。7月的理事大会上，《章程》修改设立财务总监，对会长、监事长负责，不对秘书长负责。后来，阿拉善SEE明确了秘书长具有作为执行长的身份合法性。

三、2010年的第二次战略规划

2008年12月，阿拉善SEE基金会在北京成立，阿拉善SEE为唯一发起人。协会的理事和监事自动成为基金会的理事候选人和监事候选人，协会的会长和副会长、监事长也相应地自动成为基金会的执行理事长、副理事长和监事长的候选人。协会所有会员皆为基金会的捐赠人。基金会的理事长候选人由协会理事会推选，理事长候选人可以不是协会会员。基金会统一管理资金，对协会及其他环保组织给予资金支持。

基金会成立后阿拉善SEE的发展又该如何规划呢？从2010年开始，历经两年，从秘书处层面发起，邀请理事参与，经过多轮调研和专家咨询，阿拉善SEE的第二版战略于2011年6月经执行理事会讨论后得到了通过。这次战略规划根据三大工作重心分为三个板块：项目办、基金会和会员部。

项目办战略规划的宏观思路为在社区开展区域性试点示范，探索生态保护的有效模式，影响并推动政府及公众取得更大成效。项目办的愿景是成为世界上具有专业水平的荒漠化治理组织，搭建中国最具信誉的企业家环保平台。宗旨为改善和恢复中国内蒙古自治区阿拉善地区生态环境，从而减缓或抑制沙尘暴的发生。与此同时推动中国企业家承担更多生态责任与社会责任。项目办在战略总体目标中提出：未来3年基于内生式管理的工作手法，提高社区自身能力，达成100万亩草场草畜平衡和2 000～3 000亩节水耕地，凝结提炼一套可传承复制的方法，建设一支专业化的环保团队。用好的模式影响政府及公众参与，为阿拉善乃至同类地区的农牧产业政策、节水政策提供可操作的细则。项目办战略将具体目标分为保护成效、社区建设、方法手法、团队建设和政策影响5个量化目标，并分别制定了达成策略和农区项目规划、牧区项目规划。

基金会的愿景是使中国企业家成为解决环境问题的重要社会力量。基金会的使命是发挥企业家优势，支持中国民间环保组织及其行业发展，从而可持续地推动解决本土环境问题。基金会的战略目标是推动形成一个在规模和质量上与中国经济发展相匹配的、健康的、多元的民间环保公益行业生态系统，有效回应重要的环境问题。基金会具体的策略目标为：有效回应特定环境议题的民间组织网络的形成和发展；提升民间环保行业关键人才的数量和质量；支持新的环保公益创业；改善民间环保行业生存发展环境；形成有行动力的环保志愿者社群。

会员部的愿景与使命为：通过实现信息的畅通、参与的广泛和深入及资金的增长，达成会员群体的壮大，使阿拉善SEE成为会员参与环保公益的首选。会员发展方面，需要快速发展，但应符合组织整体资金需求和实际能力，暂定3年后会员数达到500人。会员参与方面，提高参与度与项目透明度，支持并鼓励会员分部在《章程》范围内自由开展活动，加强片区内、片区间交流，通过与项目办合作选定项目等方式增强会员的参与感与使命感。会员服务方面，建立会员部与会员之间的双向沟通渠道，及时将每位会员的建议反馈到相关部门；通过定期或不定期的会员回访，收集意见及满意度。协会《章程》中充分保障了会员的知情权和建议权。会员可以对协会工作提出建议和批评，如果是书面的，协会必须30日内做出书面回复并通报全体会员。会员们经常通过电话或微信询问其关心的问题，会员部均需妥善处理。

四、2015年的第三次战略规划

（一）缘起

2014年11月28日，阿拉善SEE基金会获得了公募基金会牌照。公募基金会与非公募基金会有许多区别，关系到战略调整的主要有以下几个方面。第一，募捐对象不同：公募基金会可直接面向公众、面向非特定人群募捐；非公募基金会则不能直接面向公众募捐，只能面向特定人群募捐。第二，募捐活动的地域范围不同：公募基金会分为全国性公募基金会和地方性公募基金会。全国性公募基金会的公开募捐活动可以在全国范围内开展，地方性公募基金会的公开募捐活动只能在登记注册地行政区域内开展。非公募基金会因不面向公众募捐，所以无地域限制。第三，每年用于章程规定的公益事业支出比例不同：公募基金会不得低于上一年总收入的70%；非公募基金会不得低于上一年基金余额的8%。第四，接受社会监督方面的不同：具体而言，在信息披露方面公募基金会负有更多的义务。公募基金会组织募捐活动，应当公布募得资金后拟开展的公益活动和资金的详细使用计划。在募捐活动持续期内，应当及时公布募捐活动所取得的收入和用于开展公益活动的成本支出情况。募捐活动结束后，应当公布募捐活动取得的总收入及其使用情况。非公募基金会由于不存在公开募捐活动，因此也就不负有这方面的信息披露义务。

阿拉善SEE在阿拉善盟注册成立，是个地方性社团，但会员来自全国，业务也遍及全国，还有大量国际交往合作，超出了《社会团体登记管理条例》允许的范围。出于合规的考虑，各地方项目中心成立，项目中心是会员聚会的非正式组织，而非分支机构。2013年，阿拉善SEE有近300名会员；到了 2015 年 11 月，会员人数超过 500 名。但这些新增会员能否留存下来并积极参与环保公益活动？因此，阿拉善 SEE 设立地方项目中心还有一个很重要的原因，就是应对会员流失率高的客观压力——阿拉善盟的梭梭林部分会员也许看不到，但要让会员在当地有项目可做，而不仅仅是聚会社交，否则，容易导致吃喝完了就散伙。湖南中心保护三湘四水，湖北中心保护江豚，深港中心保护红树林，都源于这一构想。此外，阿拉善 SEE 基金会注册地在北京，也不是一个全国性的基金会，不能设立地方分会。那么，各地项目中心具有特色和多样性的环保公益活动与总部在环保领域的筹资和对环保项目的资助之间如何协同，也成为阿拉善 SEE 在新的发展阶段需要面对的挑战。

2015 年 2 月，阿拉善 SEE 的基金会和协会是"一套班子，两块牌子"。秘书处有两个副秘书长，分别负责协会和基金会事务，刘小钢身兼协会和基金会的秘书长。协会的所有执行理事加上经济学家吴敬琏和秘书长刘小钢组成了基金会的理事会（吴敬琏任理事长）。公募基金会既然要吸纳公众的捐款，哪怕只有一块钱，也需要在聚光灯下讲清楚捐款的用途，这不再是企业家小圈子自己的游戏了。资金的流向应该是怎么样的？协会会费怎么汇集到基金会？基金会的资金又是否可以再分配流入协会和地方项目？这是一连串的专业问题，阿拉善 SEE 解决起来遇到了困难。

为了应对种种挑战，并避免法律风险，需要制定新一版的战略规划让阿拉善 SEE 走得更远。在此情形下，刘小钢秘书长找到了在公益组织战略咨询领域有丰富经验的贝恩咨询公司（以下简称"贝恩"）。

（二）贝恩制定战略规划的过程

贝恩在了解了阿拉善 SEE 的情况后，认识到了主要的问题："战略是第二位的，合规反而成为第一位的了。"贝恩进而分析了阿拉善 SEE 基金会从非公募转为公募所带来的三个机遇：一是能够吸纳社会大额捐赠和公众资金，有利于迅速做大，扩大规模；二是用公募基金会规范化管理要求来倒逼现有组织结构改革、促进效率提升；三是扩大公众影响力，提升公众对环境问题的认知度，加速使命完成。但同时也面临着三大风险：一是法律法规要求公募基金会不得直接销售企业产品，同时要满足信息披露内容、披露时限及披露对象要求；二是公众的关注和检验带来的压力——广大小额捐款人对"绝对"透明公正的期望，基金会对突发事件的处理，以及可能出现的个别组织或个人别有用心的炒作等；三是政府和相关机构对公募基金更加严格、密切的监管。

围绕阿拉善 SEE 的战略制定，贝恩设计并实行了一个"百日计划"，该工作计划从 2015 年 2 月开始，预期到 5 月底结束，分为三个阶段（见图 1），即第一阶段进行诊断梳理和框架设计，第二阶段完成具体的治理及战略规划设计，第三阶段进行沟通优化并做好 6 月交付理事会审议前的准备工作。在此过程中，贝恩组织开展了大量的访谈工作，具体分为三个部分进行。一是会员沟通交流，包括一对一访谈、与各地方中心的座谈会、战略方案讨论会、会员发展战略头脑风暴和全体会员关于阿拉善战略规划的微信调查问卷。二是秘书处内部沟通交流，包括秘书长，基金会和协会两位副秘书长，运营、品牌和阿拉善项目办三位总监，以及会员部和资助部的三位经理。三是外部访谈，包括世界自然基金会、中国科学院地理科学与资源研究所在内的六个合作伙伴和四位贝恩资深专家。

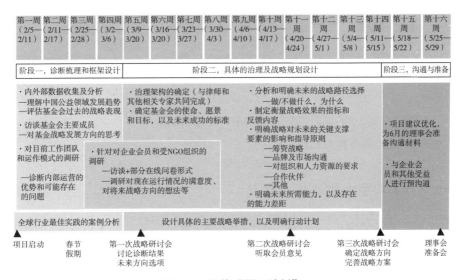

图 1　贝恩的"百日计划"

资料来源：阿拉善 SEE 提供。

为了从众多潜在的治理架构中找到满足法律法规要求和企业家们参与环保公益热情的方案，贝恩认为需要解决好两个问题。一是基金会和协会的关系，如何既使两者血脉相连、扶持发展又架构清晰、相对独立。二是总部与地方各项目中心的关系，截至2014年年底，阿拉善SEE已在全国成立十个项目中心，如何既发挥各项目中心会员的积极性，又能保证阿拉善SEE整体的一致性，这是战略制定中的关键。为此，贝恩设定了七个原则作为检验治理架构是否合理的标准（见图2）。

基金会和协会

· 合规透明
-公募基金会应该避免向企业家协会汇款
-公募基金会应该严格遵守相应法律法规（三大主要法规与三条红线。例如，不得直接销售企业产品）
-严格要求信息披露内容、披露时限，以及披露对象

· 专业高效
-环保和公益是一份需要高度专业知识能力的全职工作
-基金会专业的人做专业的事，协会会员的热情和智慧是宝贵财产，两者高度互补、互相促进
-会员平台以环保为核心主题，而非商业或纯社交娱乐目的平台

· 规避风险
-坚持以环保为主线
-应尽量规避敏感话题

· 简洁清晰
-应保持清晰的组织结构，尽可能避免多重架构，尽可能降低对外、对内的沟通和操作复杂度
-在结构设计中，对公募基金会和协会应做到既有血脉联系又相对独立

总部与地方

· 调动地方
-充分发挥各地会员积极性，撬动企业家能量解决地区性环境问题
-会费的一定比例可预留为地方项目基金

· 注重实效
-鼓励地方根据实际经验、能力在地方环保项目中有不同程度的参与
-地方项目预留基金按各地方项目开展情况和实际需要调整发放，实际资助额可能低于也可能高于预留比例

· 规避风险
-地方环保项目资助款项必须由注册的非政府组织承接，不可资助其他个人、未注册团队等
-总部保留审批权，确保地方环保项目符合合规、专业等方面的标准

图2　治理架构的七个原则

资料来源：阿拉善SEE提供。

（三）贝恩版战略规划要点

基于广泛调研，在设计治理架构时，贝恩提出了三种不同模式：第一，突出公募基金会；第二，公募基金会和协会各司其职；第三，突出协会项目运作能力。各模式中又因会费分配的不同而形成不同的方案。经过对多个可能方案的进一步筛选、比较，贝恩设计了一个建议方案，最后被理事

会采纳。

在资金的流向上，每个协会会员的会费和会籍捐赠总计10万元，其中会费由协会留存并用于协会运营，会籍捐赠由协会汇总后统一捐赠给基金会，基金会为每位会员开具捐赠部分的证明。地方项目中心改为协会下的地方学习小组和基金会下的地方项目中心，实际为"一套人马，两块牌子"。

在共同的使命"凝聚企业家精神，留住碧水蓝天"指引下，公募基金会和协会的治理、战略和班子明确分开；地方的会员活动和资助项目原则上没有变化，但资助项目在基金会下面操作，由基金会审核项目申请并监督项目执行情况；战略规划明确了基金会和协会的愿景、目标、聚焦领域和制胜模式，并设计了七大关键落地举措。

（四）基金会战略

使命：凝聚企业家精神，留住碧水蓝天。

愿景：成为环保公益事业最有力的推动者，让人们拥有人与自然和谐共处的环境，与自然共生的绿色经济蓬勃发展。

目标：筹款规模、资助和实操项目成果、公众认知度。

聚焦领域：保持强聚焦，专注于荒漠化防治、栖息地保护、公众环境与健康、可持续创新，四项核心领域占支出的90%以上。

制胜模式：杠杆效应——资助非政府组织发展，引领企业投入；

业务模式——以资助为主，扩大阿拉善SEE影响力，成为环保公益行业的孵化器及推动者；

善款来源——主要为协会会员、企业和其他基金会以及大额个人捐赠，同时传播阿拉善品牌，以进行环保教育为主要目的，以低成本筹款形式有针对性地开展大众筹款，取得宣传效应。

关键落地举措：组织战略动员；细化筹款战略；明确资助模式和产品开发；制定品牌战略；进行组织调整，落实人力资源；完善IT系统。

(五)协会战略

使命:凝聚企业家精神,留住碧水蓝天。

愿景:搭建中国最具信誉的企业家环保平台,打造一个富有环保信仰的精神家园。

目标:会员年净增人数、活跃会员比例、绿色企业指数。

聚焦领域:专注于面向会员,开展环保活动,鼓励会员参与、学习,促进会员企业及行业绿色、可持续发展。

制胜模式:确立会员策略,并形成系统性的会员发展、管理与维护工作方法;协会总部和地方分工明确,在总体目标、战略的引导下,充分发挥地方积极性开展工作;突出协会在推动绿色企业发展方面的作用,以可复制的模式推动更多行业可持续发展。

关键举措:组织战略动员;细化绿色企业战略;制定品牌战略;进行组织调整,落实人力资源。

尾声

在 2015 年 11 月的换届选举中,钱晓华当选阿拉善 SEE 协会第六任会长,同时也是基金会的执行理事长。王利民在担任阿拉善 SEE 协会秘书长一段时间后离任,2017 年 1 月钱晓华提名张媛接任,任期为 3 年,张媛同时担任基金会副秘书长,负责筹款、传播、对外联络。北京师范大学教授张立被推荐担任基金会秘书长,任期为 5 年。2017 年 1 月,许小年接替吴敬琏担任基金会理事长。2015 年之前协会和理事会的会议安排在一起,议题时常穿插;2025 年之后分别召开会议,严格按照既定议题讨论。

截至 2017 年 9 月底,阿拉善 SEE 机构总部共有员工 60 余人,两位秘书长作为总经理,分别与协会和基金会签订合同并领取工资,不受理事会换届影响。这改变了阿拉善 SEE 初期秘书长随着会长换届频繁更换,导致行政团队建设、战略贯彻执行和会员沟通机制不稳定的弊端。在机构设置上,基金会的筹款部、项目部和协会的会员部独立运营。基金会和协会共用品牌传播、人事、IT、财务等部门，费用由协会承担。在运作中，协会和基金会仍然需要密切配合。阿拉善项目办改由基金会管理。在资金上，每位会员将3万元打入协会账户作为运营经费，7万元不经协会直接打入基金会账户。基金会随后定向划拨3万元至其所在地方项目中心的项目基金中，用于当地环保项目资助。基金会收到的总捐款中，协会会籍捐款和社会捐款的比例在转型公募前为7∶3，到2017年9月已变为3∶7。基金会2016年的目标募资额为4 000万元，实际募资额为6 000万元，截至2017年10月1日，募资额已超过1亿元。

环保公益项目由基金会管理，集中在四个领域：荒漠化防治（"一亿棵梭梭""地下水保护"）、生态保护与自然教育（"任鸟飞""留住长江的微笑""诺亚方舟"）、绿色供应链与污染防治（"绿色供应链""卫蓝侠"）、环保公益行业发展（"创绿家""劲草同行"）。项目的运作分为三类，均需基金会批准，即地方项目中心负责操作，地方项目中心资助非政府组织，基金会秘书处资助非政府组织。

会员参与度、治理效率和稳定性是理事会任期设置的重要考虑因素。2016年10月，会员大会修改了《章程》，理事会、监事会和会长、监事长的任期又改为三年，从下次换届后开始执行。

基金会在转型公募后因对项目发展和经费募集的重视而迈上了一个新台阶，协会会员发展也保持了同样的增长，从500人一度增至700人。地方项目中心在2017年增至13个，会员多则超过百人，少则仅有二三十人。地方项目中心通常有一位负责总部和地方项目中心联络的区域代表，与协会签订劳动合同。部分会员提出两点建议：一是每个省成立项目中心，这样既能发展会员又能做自己感兴趣的项目；二是在所在地注册成立地方基金会和地方协会，这些基金会和协会是相互独立的法人机构，理事会要经过会员选举产生。

2017年11月，阿拉善SEE理事会即将换届，地方项目中心的定位成为会员们关心的问题：地方项目中心应该做大并去承担更多的项目职能吗？阿拉善SEE应该鼓励会员成立各地方的基金会和协会吗？这些问题需要在战略规划中得到回答。

阿拉善SEE生态协会：慈善信托破冰之旅*

徐菁、张媛、邬瞳、王卓

创作者说

在本案例中，我们见证了阿拉善SEE生态协会（以下简称"阿拉善SEE"）在慈善信托领域的一次大胆尝试和创新之旅。案例通过详细叙述阿拉善SEE慈善信托的筹备过程、面临的挑战、解决方案的探讨以及最终的成功备案，向我们展示了中国慈善组织在新兴领域的探索和实践。

阿拉善SEE团队面对慈善信托这一新生事物，没有现成的模式可以依循，只能在未知中摸索前行。从与政府部门的沟通，到与金融机构的协作，再到与法律机构的协商，每一步都体现了创新思维和解决问题的能力。特别是在商业银行开设信托专户这一难题上的突破，不仅为慈善信托的成立铺平了道路，也为其他慈善组织提供了宝贵的经验。

慈善信托的成功备案，不仅是对阿拉善SEE团队努力的肯定，更是对中国慈善事业发展的一次有力推动。我们希望通过展示慈善信托案例备案的完整过程，让读者理解慈善信托的相关规定和模式；了解国家政策对于慈善行业具体业务的影响；思考一个慈善组织在业内没有先例且相关政策规定不明晰的情况下，如何协调利益相关方，实现业务模式的突破。通过慈善信托的创新，让慈善资源更加有效地服务于社会，这也许能够给关注金融创新、慈善事业发展的读者带来思考与启迪。

---

* 本案例纳入北京大学管理案例库的时间为2020年5月15日。

2016年12月15日22点，阿拉善SEE的北京办公室安静了下来，准确地说，是陷入争论过后的沉默。阿拉善SEE秘书长、基金会副秘书长张媛，为了能够让全国第一单由慈善组织作为单受托人的慈善信托在年内成功备案、在业内开创先河，已经熬了几天几夜了，此时显得尤为疲惫。

会议桌旁，此单慈善信托的委托人代表张泉低头翻看着慈善信托的备案材料。他既是阿拉善SEE的企业家会员，也是阿拉善SEE公益金融班[①]的成员。在获知阿拉善SEE决定尝试推出慈善信托的消息后，他便联合同班的企业家们共同响应，成为委托方。被班级成员推选为代表的他特地从济南赶来北京，签订相关协议。

该慈善信托由阿拉善SEE担任单受托人，阿拉善SEE公益金融班担任委托人，其设立的目的在于资助和扶持中国民间环保公益组织的成长，实现生态环境保护事业的可持续发展。信托财产规模为100万元，期限为5年。这是中国慈善组织作为单受托人的首次尝试。

有关各方在短短4天内，就完成了繁杂的前期筹备工作。但就在签订协议的当头，受托人代表张媛和委托人代表张泉对信托财产的使用和管理模式产生了分歧。在没有相关法律法规作为依托的前提下，大家同北京民政局进行了沟通，但依然没能找到明确的依据来解决分歧。

再过2个小时就是12月16日了——今年阿拉善SEE向北京民政局提交慈善信托备案材料的最后期限。在年内实现备案对一直创新争先的阿拉善SEE非常重要。在沉寂中，办公室的钟表时针距24时越来越近了。

一、背景

1. 我国慈善事业方兴未艾

随着经济的发展和社会的转型，慈善事业被政府定位为社会保障体系

[①] 阿拉善SEE公益金融班，由阿拉善SEE在2016年与浙江大学合办，旨在为青年企业家们拓展公益视野，提供社会责任与金融创新等领域的学习与实践平台，是公益和金融教育结合创新项目。

的重要补充。中国的慈善事业自 20 世纪 80 年代开始复兴，标志性事件是 1981 年中国儿童少年基金会的成立和 1989 年希望工程①的启动。[1]社会参与慈善事业的意愿增强，参与方式也逐步多样化：捐赠，做志愿者，成立基金会、社会团体和社会服务机构等。越来越多的公民愿意参与到社会公共事业发展中来，社会组织②数量和社会捐赠额连年增加。社会组织数量从 2011 年的 275 195 个增加至 2018 年的 781 858 个③；社会捐赠额从 2011 年的 845 亿元增加至 2017 年的 1 526 亿元，2018 年虽有下滑，但依然维持在千亿元规模[2]（见图1）。我国慈善事业依然有巨大的发展空间：以捐赠总额进行国际比较，2018 年我国捐赠总额占全国 GDP④ 的 0.13%，同年，美国捐赠总额约为 4 277.1 亿美元[3]，占当年美国 GDP⑤ 的 2.1%。

近年来，我国政府大力完善慈善相关的法律法规，梳理管理机制，逐步释放制度红利，为社会参与慈善事业营造了更好的环境。2016 年，我国颁布了《中华人民共和国慈善法》（以下简称《慈善法》），此项举措意义最为重大。该法对慈善组织、慈善募捐、慈善捐赠、慈善信托、慈善财产、慈善服务、信息公开、促进措施、监督管理、法律责任等予以规定。《慈善法》是我国慈善事业的基本法，它的出台改变了我国慈善事业无法可依的局面。

《慈善法》为公众参与慈善活动提供了多样选择，公众可贡献志愿服务，也可为个人、公益项目等捐赠资金。对于大额捐赠人而言，还可通过社

---

① 希望工程由中国青少年发展基金会于 1989 年正式启动，通过向社会各界募集资金，用于资助贫困失学儿童完成学业、资助贫困乡村改建或新建希望小学、为贫困乡村小学提供文教用品或书籍等。

② 社会组织类型包括：基金会、社会团体、社会服务机构（2016 年之前被称为民办非企业单位）。

③ 全国性社会组织数据来自民政部社会组织登记管理信息系统，地方社会组织数据来自全国社会组织统一社会信用代码信息系统，数据不断更新中。

④ 2018 年中国名义 GDP 约为 900 309.5 亿元人民币。

⑤ 2018 年美国名义 GDP 约为 204 940.8 亿美元。

图 1　我国社会组织数量和社会捐赠额年度变化（2010—2018 年）

资料来源：社会捐赠总额数据来源：杨团．中国慈善发展报告（2019）[M]．北京：社会科学文献出版社，2019．社会组织总数数据来源：社会组织大数据分析展示栏目。其中，全国性社会组织数据来自民政部社会组织登记管理信息系统，地方社会组织数据来自全国社会组织统一社会信用代码信息系统，数据不断更新中。

设立慈善组织、专项基金和慈善信托三种方式（见表 1）参与慈善活动。在业内，设立慈善组织和专项基金这两种方式已经非常成熟。而慈善信托则是新事物：法律法规层面，慈善信托是《慈善法》基于《中华人民共和国信托法》（以下简称《信托法》）中的公益信托重新提出的；实践层面，信托对于中国大多数慈善组织而言还属陌生事物。

表 1　慈善组织、专项基金、慈善信托方式比较

	慈善组织	专项基金	慈善信托
法律地位	法人，以自己的名义开展活动	需要在慈善组织（通常为基金会）内设立，不能以自己的名义开展活动	行为人或准法人
设立资金要求	一般情况下最低为 200 万元	基金会自主决定，一般远远低于基金会注册资金	信托协议约定，无法定要求
财产形式	现金财产	现金财产	可以是现金财产，也可以是不动产、股权、艺术品等财产（后几种类型在实践中还没有出现）

（续表）

	慈善组织	专项基金	慈善信托
捐赠资金所有权	归慈善组织所有	归基金会所有	信托财产独立于委托人、受托人和受益人
组织机构	理事会、监事会、秘书长等	按基金会管理制度规定或需要决定是否设立管理委员会	委托人、受托人，按需要也可以确定信托监察人
年度支出和管理费用	有公募资格的基金会慈善活动支出≥上年收入（前三年收入平均额）的70%，管理费用≤当年总支出的10%；不具备公募资格的基金会根据年末净资产确定	可由捐赠协议约定，但基金会整体慈善活动支出和管理费用，仍遵守法律规定	信托协议约定，无法定要求
自身税收优惠	可申请免税资格，享受所得税优惠	依托基金会的税收待遇	不备案不享受税收优惠，但尚未出台具体政策
捐赠（委托）人税收优惠	向具备公益性捐赠税前扣除资格的基金会捐赠，捐赠人可享受税前扣除	向专项基金依托的具有公益性捐赠税前扣除资格的基金会捐赠，捐赠人可享受税前扣除	尚未出台

资料来源：善见．设立慈善组织、专项基金还是慈善信托，这真是一个问题．慈善法律中心．［EB/OL］（2017-10-26）［2020-01-10］．http：//www.chinadevelopmentbrief.org.cn/news-20315.html.

2. 慈善信托

在英美等国家，信托①是被广为接受的财产管理制度。信托指委托人基于对受托人的信任，将其财产委托给受托人，由受托人按委托人的意愿，以受托人的名义，为受益人的利益或者特定目的，对信托财产进行管理或

---

① 近代信托制度起源于13世纪的英国受益制度。

者处分,可谓"得人之信,受人之托,代人理财,履人之嘱"。信托主体(信托关系人)包括委托人、受托人以及受益人。委托人是信托关系的创立者,拥有指定受托人、监督受托人实施信托的权力。受托人承担着管理、处分信托财产的责任。受益人是在信托中享有信托受益权的人。慈善信托运作图见图2。

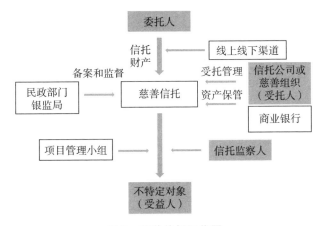

图2 慈善信托运作图

慈善信托就是委托人为了达到慈善目的而设立的信托,是一种聚集慈善财产的制度安排,相对于基金会、专项基金等方式,具有以下独特优势:

- 信托财产所有权被分割成名义上的所有权和实质上的所有权,使信托财产具备破产隔离性质,成为独立于委托人、受托人和受益人的固有财产。[4]
- 慈善信托设立简便、结构简单,不需要成立一套完整的组织机构。
- 制度灵活,委托人的慈善意愿可用正式契约写入信托条款。
- 信托财产可以是现金财产,亦可以是不动产、股权、艺术品等财产。
- 慈善信托的专业受托人可在慈善信托合同约定的投资范围内进行投资。因此慈善信托在财产保值增值方面具有优势。

慈善信托是个人和企业捐赠财产、参与慈善事业的理想工具之一,亦为慈善组织带来新发展空间。多年来,慈善组织面临着募集慈善资源困难、募集工具单一、捐赠来源不稳定、慈善财产保值增值困难、非现金捐赠管理困难等一系列现实问题。若是慈善组织能够在慈善信托中担当受托人、参与管理信托财产，以上问题就有了新的解决路径。

3. 慈善信托在中国

慈善信托本土化落地的过程漫长而又曲折。

（1）《信托法》时代的公益信托

2001年，《信托法》颁布，其中第六章阐述了公益信托的相关法律法规。公益信托有了准生证。随后几年，中国银行业监督管理委员会（以下简称"银监会"）等主管部门也陆续出台了有关文件[①]，支持公益信托发展。但从2001年到2016年的15年间，真正获得管理机构审批的公益信托仅有10余单。[5]

成熟案例如此之少的原因包括：公益信托的设立为审批制，但并未明确负责审批的公益事业管理机构具体为哪一个机构；受托人管理费和信托监察人报酬，每年度合计不得高于公益信托财产总额的8‰[6]；公益信托的税收优惠政策未能明确等[7]。

（2）《慈善法》开启慈善信托元年

2016年6月，"十年磨一剑"的《慈善法》颁布，并于9月1日生效，其中第五章专章对慈善信托予以规定，明确了慈善信托[②]的定义和法律地位，并对如何设立、管理、终止、清算等做出了规定。随后，有关部门发布两份文件，规定了一些管理细则：2016年8月25日，民政部、银监会发布《关于做好慈善信托备案有关工作的通知》；2016年9月26日，北京市民政局印发了《北京市慈善信托管理办法》。

---

① 如银监会2008年专门出台《中国银监会办公厅关于鼓励信托公司开展公益信托业务支持灾后重建工作的通知》（银监办发〔2008〕93号）来鼓励在汶川地震灾后重建工作中设立公益信托；2014年4月8日，银监会发布《中国银监会办公厅关于信托公司风险监管的指导意见》（银监办发〔2014〕99号），将"完善公益信托制度，大力发展公益信托，推动信托公司履行社会责任"作为中国信托业务转型发展的重要方向之一。

② 《慈善法》第四十四条规定，慈善信托属于公益信托。

相较于《信托法》中"公益信托"一章,《慈善法》及后续管理办法对慈善信托的规定有了一些关键变化:主管部门被明确为民政部门;设立方式由批准制改为备案制;"慈善组织可成为受托人"被明文写入法律;获取税收优惠的可能性被提及;等等(见表2)。

导致公益信托成熟案例少的制度性迷雾,随着《慈善法》的出台似乎有所消散。这些变化也给慈善行业带来了想象空间。受托人因为要负起以委托人名义来管理和处分信托财产、开展慈善活动的责任,所以是慈善信托中的关键角色。《慈善法》中规定"慈善信托的受托人可由慈善组织担任",这让慈善组织更为期待。

(3)业内讨论

在《慈善法》正式实施的当天,就有多款慈善信托产品(见表3)成功"抢滩登陆"。[8]这被业界看作慈善信托"沉睡"多年后再次被激活的标志。但在备案成功的慈善信托产品中,占主导地位的都是信托公司,慈善组织扮演着委托人、执行人或顾问的角色,在有些产品中只被当作获取税收优惠的通道。慈善行业内所预期的慈善组织大显身手,尤其是担当或独自担当受托人的情况并没有出现。2016年9月12日,北京大学非营利组织法研究中心、南都公益基金会在京联合举办"慈善信托实践案例研讨会",行业内外和慈善信托紧密相关的人士齐聚一堂,讨论当时的实践情况。

南都基金会名誉理事长徐永光认为:"有的慈善信托产品,捐赠人把钱捐给基金会后,基金会成为委托人,捐赠人就不是委托人了,今后的权力难以得到保障。这是成功'抢滩'还是错位'登陆'?我认为是后者。慈善组织做受托人,应该是更好的方式。"[9]亦有专家认为:慈善信托的使命是为了达到委托人的慈善目的,若由具备开展慈善活动专业能力的慈善组织来担当受托人,更能保证慈善信托完成使命,况且《慈善法》已列明慈善组织可成为受托人。

表2 《信托法》《慈善法》和《北京市慈善信托管理办法》中关于慈善（公益）信托规定的变化

	《信托法》公益信托		《慈善法》慈善信托		《北京市慈善信托管理办法》	
设立方式及主管部门	第六十二条	公益信托的设立和确定其受托人，应当经有关管理公益事业的管理机构（以下简称公益事业管理机构）批准	第四十五条	受托人应当在信托文件签订之日起七日内，将相关文件向受托人所在地县级以上人民政府民政部门备案	第六条	信托公司担任慈善信托受托人的，由其登记注册地的民政部门履行备案职责；慈善组织担任慈善信托受托人的，由其登记的民政部门履行备案职责。慈善信托资产总额在200万元以上的，经登记地民政部门初审，向市级民政部门备案
受托人	第六十四条	受托人应当是具有完全民事行为能力的自然人、法人	第四十七条	慈善信托的受托人，由委托人确定其信赖的慈善组织担任	第四条	慈善信托的受托人，可以由委托人确定其信赖的慈善组织或者信托公司担任
受托人资产管理要求	第六十三条	公益信托的信托财产及其收益，不得用于非公益目的	第四十四条	基于慈善目的，开展慈善活动	第九条	慈善信托的设立应符合慈善目的；受托人具有信托文件约定的管理和使用慈善信托财产相适应的能力。慈善组织担任受托人的，应当具备与信托文件约定相适应的资产管理能力；信托公司担任受托人的，应当具备与信托文件约定相适应的开展慈善活动的能力
监察人	第六十四条	公益信托应当设置信托监察人	第五十条	慈善信托的委托人根据需要，可以确定信托监察人		未提及

（续表）

	《信托法》公益信托		《慈善法》慈善信托		《北京市慈善信托管理办法》	
信息披露	第六十七条	受托人应当至少每年一次做出信托事务处理情况及财产状况报告，经信托监察人认可后，报公益事业管理机构核准，并由受托人予以公告	第四十九条	慈善信托的受托人应当每年至少一次将信托事务处理情况及财产状况报其备案的民政部门报告，并向社会公开	第二十九条	受托人应当在自有信息平台和民政部门提供的信息平台上，发布以下慈善信息，并对信息的真实性负责
税收优惠		未提及		未提及	第三条	北京市区级以上民政部门负责辖区内慈善信托的备案工作，未按规定将相关文件报民政部门备案的，不享有税收优惠

表 3 2016 年备案慈善信托一览（部分）

名称	备案时间	委托人	受托人	监察人	规模	信托目的
长安慈—山间书香儿童阅读慈善信托	2016年9月	陕西省慈善协会	长安国际信托股份有限公司	北京市康达西安律师事务所	26.29万元	旨在发展文化教育事业，培养儿童兴趣，改善儿童阅读条件，促进儿童全面发展
兴业信托·幸福一期慈善信托	2016年9月	兴业信托工会委员会	兴业国际信托有限公司	立信会计师事务所（特殊普通合伙）	11万元	用于符合《慈善法》所规定的慈善活动，发展中国的公益慈善事业

资料来源：作者整理。

（续表）

名称	备案时间	委托人	受托人	监察人	规模	信托目的
中诚信托2016年度博爱助学慈善信托	2016年9月	多位自然人	中诚信托有限责任公司	北京市中盛律师事务所	33万元	促进贫困地区发展教育事业，帮助贫困学生完成学业等
国投泰康信托2016年真爱梦想1号教育慈善信托	2016年9月	多位自然人	国投泰康信托有限公司	上海市锦天城律师事务所	82万元	促进发展中小学校素养教育
国投泰康信托2016年国投慈善1号慈善信托	2016年9月	国家开发投资公司	国投泰康信托有限公司	上海市锦天城律师事务所	3 000万元	贫困地区群众生活改善、教育支持
华能信托·尊承槿华慈善信托计划	2016年9月		华能贵诚信托有限公司		1 000万元	各类慈善公益事业
中国平安教育发展慈善信托计划	2016年9月	深圳市社会公益基金会、任汇川、盛瑞生、冷培栋、郑建家、谈清、王英、徐韶峰、康朝锋	平安信托有限公司	无	1 007.6万元	用于教育发展等慈善事业

（续表）

名称	备案时间	委托人	受托人	监察人	规模	信托目的
中航信托·天启977号爱飞客公益慈善集合信托计划	2016年9月	中航通用飞机有限责任公司、中航信托股份有限公司工会委员会	中航信托股份有限公司	北京六明律师事务所	100万元	航空知识培训，如资助有飞行潜质的贫困青少年实现飞行梦想；航空科普，如资助普及航空基础知识，传播航空文化；支持教育，如资助贫困地区改善基础教育设施、资助贫困家庭学生完成学业；精准扶贫济困，如资助孤寡老人改善贫困生活，资助身患残疾或危重病的病人；弘扬社会正义、道德模范，如奖励和资助见义勇为个人；绿色环保，如支持节能减排、新能源及循环利用等科研和产业项目及开展符合本基金会宗旨的其他项目及活动
万向信托—乐淳家族慈善信托	2016年9月	不公开	万向信托股份有限公司	毕马威华振会计师事务所（特殊普通合伙）上海分所	5 000万元	支持发展多领域公益活动

（续表）

名称	备案时间	委托人	受托人	监察人	规模	信托目的
川信·锦绣未来慈善信托计划	2016年10月	成都市慈善总会	四川信托有限公司	泰和泰律师事务所	10万元	委托人基于对受托人的信任，同意将其合法可处置的财产委托给受托人设立慈善信托，由受托人依据信托合同的约定以自己的名义进行投资管理，并将不低于上一年度信托财产余额的8%投向符合信托文件约定的受益人（儿童）和/或与儿童相关的助学、医疗、血病等慈善项目
长安慈未来创造力1号教育慈善信托	2016年10月	深圳市社会公益基金会	长安国际信托股份有限公司		100万元	鼓励和支持中国青少年素质教育，开展深圳及全国青少年创造力素养培育
长安慈一环境保护慈善信托（自然之友）	2016年10月	江苏中丹化工技术有限公司	长安国际信托股份有限公司	北京德和衡律师事务所	100万元	保护生态环境
紫金信托·厚德6号慈善信托计划	2016年11月	南京市慈善总会	紫金信托有限责任公司	立信会计师事务所（特殊普通合伙）江苏分所	100万元	为捐助、救助困难家庭中罹患大病的儿童和残障儿童等慈善用途
蓝天至爱1号慈善信托	2016年11月	上海市慈善基金会	安信信托股份有限公司	上海市联合律师事务所	10 000万元	慈善用途

（续表）

名称	备案时间	委托人	受托人	监察人	规模	信托目的
"上善"系列——浦发银行"放眼看世界"困难家庭儿童眼健康公益手术项目慈善信托	2016年12月	上海浦东发展银行股份有限公司	上海国际信托有限公司	上会会计师事务所特殊普通合伙	100万元	用于帮助困难家庭眼疾儿童免费实施手术治疗，促进儿童身心健康发展
中信信托2016年航天科学慈善信托	2016年12月	中信聚信北京资本管理有限公司	中信信托有限责任公司	北京市中盛律师事务所	660万元	促进航天科学事业发展，奖励航天科学事业人才
北京市企业家环保基金会2016阿拉善SEE公益金融班环保慈善信托	2016年12月	自然人	北京市企业家环保基金会	北京市中伦律师事务所	100万元	资助和扶持中国民间环保公益组织的成长，实现生态环境保护事业的可持续发展
建信信托——微笑行动慈善信托	2016年12月	中国妇女发展基金会	建信信托有限责任公司	无	1 000万元	为贫困家庭的唇腭裂患儿提供免费救助治疗，支持预防唇腭裂的医疗研究和社会宣传，协同各界消除唇腭裂患儿存量，降低唇腭裂患儿增量

资料来源：慈善中国—全国慈善信息公开平台［EB/OL］．[2024-12-10]．https：//cszg.mca.gov.cn/plataform/login.html?service=%2Fj_spring_security_check&renew=true.

慈善组织并非没有进行过尝试，但皆以失败而告终。未能成功的原因，除慈善组织不熟悉慈善信托之外，还有一个现实障碍：信托专用资金账户的开设问题。根据民政部、中国银行业监督管理委员会发布的《关于做好慈善信托备案有关工作的通知》中的备案条件之第5条规定，设立慈善信托应当"开立慈善信托专用资金账户证明、商业银行资金保管协议"。商业银行既没有明确的规定可依，也没有先例可依，无法给慈善组织开设信托财产专用账户（简称信托专户）。因此，没有商业银行愿意尝试这项业务。这就导致慈善组织作为单受托人的慈善信托备案条件无法完备。[9]

虽有困难，大家仍认为一切都会有突破，并希望慈善组织勇于探索成为慈善信托产品的受托人之一甚至成为单受托人，发挥慈善组织的专业性，使慈善信托回归本源。

张媛代表阿拉善SEE参加了这次研讨会。她认为慈善信托作为慈善领域的新生力量，将给慈善领域带来多种可能性，在未来必将得到大发展。她发言道："阿拉善SEE基金会近期签了1亿元的捐赠协议，但目前还在观望——是做慈善信托还是成立专项基金？能不能设立信托专户？设立慈善信托的委托人会不会得到税收优惠？房产、股权等非现金资产是否能够成为慈善信托财产？这些问题都有待解决。"[9]张媛在会上表示阿拉善SEE希望能推出慈善信托，实现创新突破。

3. 阿拉善SEE

诞生于阿拉善腾格里沙漠月亮湖畔的阿拉善SEE（参见附录1），由近百位企业家于2004年自发组织成立。其是一个由企业、其他组织、自然人出资成立，由企业家领导并参与治理的公益性和非营利性社团组织。后于2008年成立阿拉善SEE基金会。阿拉善SEE以环保公益行业发展为基石，聚焦荒漠化防治、绿色供应链与污染防治、生态保护与自然教育三个领域，于2016年形成了十大公益项目的架构（参见附录1）。

阿拉善SEE凭借创始会员的影响力、有效的会员机制，持续吸引着企业会员和个人会员的加入。会员所在行业多样，主要集中在房地产、金融、制造、社会组织等领域。

阿拉善 SEE 在房地产、金融等领域推进创新，先后进行了房地产行业绿色供应链、环境产业联盟、股权捐赠、环保公益金融班等行业创新，更是一直关注着慈善信托的发展。

二、阿拉善 SEE 尝试推进双受托人慈善信托备案

张媛在参加完研讨会后，一直等待着参与慈善信托的契机。2016 年 11 月，北京师范大学的马剑银老师与中信信托负责人来到阿拉善 SEE 办公室，讨论推出慈善信托产品的可能性。商讨过后，双方立刻达成合作意向。

张媛表示，阿拉善 SEE 希望能在这单慈善信托中成为受托人。大家研究了当前备案成功的情况，似乎只有采取"信托公司+慈善组织"这一双受托人模式，才有可能让慈善组织担当受托人。为了能够争取成功备案并积累经验，双方达成一致意见：在这单慈善信托中采取双受托人模式，由中信信托负责信托财产管理，由阿拉善 SEE 负责慈善项目部分，资金托管方为阿拉善 SEE，开户行为广发银行。

受托人模式确定下来后，还需要匹配委托人和监察人。阿拉善 SEE 向企业家会员们发出设立慈善信托的号召，寻找委托人，很快便得到会员的积极响应。

华软资本管理集团股份有限公司（以下简称"华软资本"）董事长王广宇最快响应。华软资本是一家聚焦国家战略性新兴产业的投资机构，它在以科技创投、并购投资和资产管理为主业的同时，也积极履行企业社会责任，自然对于慈善领域的创新有着浓厚兴趣。

确认监察人方面的进展同样顺利。根据《慈善法》的规定，设立监察人并非法律强制要求，慈善信托的委托人根据需要，可以设立信托监察人。这是第一次试水，筹备组一致认为越严谨、越全面越好，便与多家机构进行沟通。很快，此前已多次协助阿拉善 SEE 开展法律事务相关工作的中伦

律师事务所①担任了监察人。

经过阿拉善 SEE、中信信托、委托人、广发银行、监察人等多方沟通,该慈善信托逐步成形:慈善信托名为"中信·北京市企业家环保基金会 2016 阿拉善 SEE 华软资本环保慈善信托"②;阿拉善 SEE(北京市企业家环保基金会)负责慈善项目部分、中信信托负责信托财产管理部分,监察人为中伦律师事务所;托管人为广发银行(阿拉善 SEE 基本账户所属银行);此单信托期限为 5 年,用于资助和扶持中国民间环保公益组织的成长,实现生态环境保护事业的可持续发展;信托财产总规模为 100 万元,每年支出不少于 20 万元。备案事宜有条不紊地开展起来。

三、进行单受托人慈善信托备案尝试

双受托人慈善信托筹备工作的顺利开展,给了张媛极大的信心。另外,她还看到在《慈善法》推出后的几个月里,尚没有慈善组织任单受托人的慈善信托备案成功的先例,于是她又萌生了新的想法。12 月 12 日,张媛在阿拉善 SEE 内部提出了一个问题:为什么不能在设立双受托人慈善信托的同时,尝试设立全国首单慈善组织为单受托人的慈善信托?她认为,相关的手续都是类似的,而且阿拉善 SEE 也有相关资源,时机似乎已经成熟。目前已知的唯一困难在于商业银行不愿意为慈善组织开设信托专户。但这一难题是真的无法解决的吗?阿拉善 SEE 还是希望探探路。

按照既定安排,双受托人慈善信托提交北京市民政局预审核的时间定在了 12 月 16 日。为了能够使两个慈善信托同步提交且在 2016 年当年就成功发布,在公益行业中拨得头筹,单受托慈善信托所有备案工作都必须在

---

① 中伦律师事务所是中国规模最大的综合性律师事务所之一,在业内具有极高知名度,也是中国最早批准设立的合伙制律师事务所之一。

② 慈善信托名称格式要求:受托人+备案年份+名称。

16日之前完成。留给阿拉善SEE只有4天的时间了，张媛带领团队即刻开始行动。

1. 三方会谈，冲破桎梏

12日当天，张媛就与广发银行客户经理张凌进行详细沟通。让张媛没有想到的是，张凌听完她对于慈善信托的详细叙述后，便说广发银行有款产品可以满足实际需要。阿拉善SEE一行人与广发银行高层开会后，得到银行的最终肯定答复——可以为阿拉善SEE开立慈善信托资产账户。之前以为需要反复沟通的难题瞬间解决了。

14日傍晚16:30，张凌随阿拉善SEE的张媛、邬瞳拜访北京市民政局慈善工作处相关负责人，共同商议慈善组织作为单受托人开设慈善信托账户事宜。

张凌首先详细介绍了银行政策。他解释道，慈善组织之所以在各大商业银行尝试开立信托专户时屡屡碰壁，是因为中国人民银行还没有明确表示慈善组织可以开立信托专户，银行方面在遇到此类问题时往往就选择了保守处理。广发银行有一款产品完全可以满足慈善信托的实际需要，通过开立专项资金监管专用账户，签订专项资金监管协议实现信托资金的保管。

北京市民政局相关负责人表示他们作为管理部门积极鼓励创新，希望推动政策落地，至于政策上要求开设信托专户，其最终目的是要保证慈善信托资金的独立性。他们认为专项资金监管账户能够达到这一目的，所以能够满足慈善信托需要。在账户问题上采取广发银行提供的解决方案是切实可行的。

随后大家对信托合同、资金监管合同的细节进行了大量讨论，都对取得的进展感到兴奋。

15日，张媛和中伦律师事务所的贾明军律师通过电话和微信逐条讨论协议细项。在一天内，双方对数份协议文件逐条讨论、修改、核对、确认，终于完成了协议的拟定。每确认一条细则，张媛便感觉离成功备案又近了一步。

2. 确定委托人

阿拉善 SEE 将决定做单受托人慈善信托的消息发布给企业家会员后，在投资、房地产、国际贸易等领域有着丰富经验的会员张泉首先响应。此外，阿拉善 SEE 公益金融班班长李凤德等三四位企业家也纷纷表示希望参与。这些企业家们对投资、金融领域都非常熟悉，对于慈善信托天然具有热情。随后，张泉主动提出，把这个慈善信托的冠名权由其个人更改为阿拉善 SEE 公益金融班。这一倡议一经发出就得到金融班 25 个同学的一致赞同。

由于时间紧迫，遍布全国各地的企业家们以微信群为沟通阵地，讨论相关事宜。经讨论，该慈善信托的名称为"北京市企业家环保基金会 2016 阿拉善 SEE 公益金融班环保慈善信托"，信托财产为 100 万元人民币，目的为资助和扶持中国民间环保公益组织的成长，实现生态环境保护事业的可持续发展。

紧接着另一个难题又出现了：25 位企业家均为该慈善信托委托人，均需签署协议，这项工作在仅剩的 2 天时间内根本无法完成。企业家们迅速达成一致，委托张泉为代表与阿拉善 SEE 签订慈善信托合同。

3. 分歧

12 月 15 日，张泉从济南抵达阿拉善 SEE 北京办公室，已过了 20：00。但随着沟通的深入，张泉与张媛对某处条款产生了争议。

原条款为："信托财产为 100 万元，每年支出不少于 20 万元，在 5 年内资助和扶持中国民间环保公益组织的成长，实现生态环境保护事业的可持续发展。信托财产如有闲置，由受托人按委托人的意愿依法委托具有相关资质的机构投资于银行理财产品及其他流动性较高的现金管理类产品，具体包括银行存款、政府债券、中央银行票据、金融债券、货币市场基金和现金管理类信托产品等低风险金融产品，相关收益计入信托财产。"

但代表了公益金融班 25 位委托人意见的张泉表达了他们的期望：希望

将这一单慈善信托设置为永续型,即不设存续期限,并通过专业管理使100万元的信托资金每年产生不低于10万元的收益,然后用收益的部分来进行每年不少于10万元的公益支出,并且希望能够扩大投资范围。张泉认为,通过此方式才能可持续地支持环保公益事业,使慈善信托价值最大。虽然每年都实现不低于10万元的收益具有太多不确定性,但该信托在具有资深金融业背景的委托人群体指导下,扩大投资范围,实现目标是完全有可能的。同时,张泉还表示,委托人全体会在进行投资时承诺:如未实现约定收益可以补齐不足部分。

这样的重大调整和张媛她们之前同管理部门沟通的情况大不相同。张媛再次逐字研读指导文件,其中明确规定:"除合同另有特别约定之外,慈善信托财产及其收益应当运用于银行存款、政府债券、中央银行票据、金融债券和货币市场基金等。"虽然政策条款没有完全锁定保值增值的范围,为实际操作预留了空间,但是特别约定又是什么意思?特别约定是否还有其他成立条件?

张媛又和民政部门进行了紧急沟通。民政部门给出了答复:按照《北京市慈善信托管理办法》第九条第二项的要求,如果受托人要进行高风险性投资,需要阿拉善SEE组织专家评审会对其资产管理能力进行评估,确认阿拉善SEE具备相应资产管理能力的。完成对阿拉善SEE资产管理能力的评估需要时间,况且是否能够通过评估尚未可知。如此一来,这单慈善信托就无法在年内完成备案,甚至会夭折。

此时距民政局要求的提交合同的最终期限只能用小时来计算了。双方关于信托合同最重要的部分还是无法达成一致,办公室内陷入了沉默。

4. 达成一致,成功备案

短暂的沉默过后,张媛又组织大家开始讨论。经过与张泉、阿拉善SEE公益金融班的企业家、监察人中伦律师事务所以及北京市民政局慈善工作处详细讨论后,大家还是达成共识,制订出了解决方案:"此单信托期限为10年,同样用于资助和扶持中国民间环保公益组织的成长,实现生态环境保护事业的可持续发展;信托财产总规模100万元,每年公益支出不少于10万元。信托财产可由受托人按委托人意愿依法委托具有相关资质的专业金融机构投资于合法安全有效的保值增值金融产品，相关收益计入信托财产，全部用于慈善目的。"这样的调整，使他们能在不违反制度规定的前提下为信托运作预留灵活空间。

各方达成一致已是12月16日凌晨2：00，为了保证在16日当天将协议提交给北京市民政局进行预审核，中伦律师事务所的工作人员继续工作，加急修改协议。

会谈结束后，张泉在班级微信群中写道：

> 给各位亲汇报一下今天的工作成果：秘书处事先与民政局做了大量的沟通工作并获得支持，同时与中伦律师事务所、广发银行等密切配合，争分夺秒完成了前期的准备工作。我也同时从济南火速赶到北京，以便完成代表大家签字的工作。大家对信托产品都是第一次接触，尤其现在这个项目要成为全国首单，我到了之后才了解到这个信托的计划是用五年的时间将100万元本金及收益全部资助初创期的环保公益社会组织。这与我最初的想法和理解有一定偏差，我希望通过我们的运作每年能让这100万元本金获得不低于10万元的收益，用收益作为资助给受益人，这样就可以达到钱生钱永续发展的效果。于是我与李凤德班长做了沟通，达成一致后我与负责本次慈善信托的张媛秘书长、秘书长助理邹瞳二位反复推敲修改合同条款，同时与相关单位的工作人员进行咨询沟通，经过大家的努力，合同基本是按照我们设想的方法签署了，希望凝聚着大家的公益情怀和辛勤劳动成果的中国首例以公益机构为单受托人的信托产品顺利完成。再次感谢大家的支持与厚爱，我们一起努力让公益金融班名留青史。

16日当日，北京阿拉善SEE公益金融班环保慈善信托协议被正式提交至北京市民政局。2016年12月27日，阿拉善SEE提交的两个慈善信托——双委托人的"中信·北京市企业家环保基金会2016阿拉善SEE华软资本环保慈善信托"及单委托人的"阿拉善SEE公益金融班环保慈善信托"获得了备案回执，在北京市民政局完成了备案工作。

四、冰开始化了吗？

阿拉善 SEE 在慈善信托领域的实践，改变了《慈善法》实施后慈善组织依然无法独自担任受托人的现状。阿拉善 SEE 亦凭此实践获得了荣誉："阿拉善 SEE 公益金融班环保慈善信托"被《慈善蓝皮书：中国慈善发展报告（2017）》社会科学文献出版社出版评为"2017 年中国十大年度慈善热点事件"；该慈善信托作为北京市民政局推荐的 12 个候选之一申报中华慈善奖①。

在此之后，虽也有多个慈善信托是以慈善组织为单受托人，但绝大部分慈善信托的受托人还是以信托公司为主。并且，预期中的慈善信托大发展似乎并未出现。慈善信托既然有很多优点，为什么实践情况并不如预期？慈善组织在慈善信托中的角色又该如何定位？慈善信托的光明未来会在哪里？这些都是需要进一步思考的问题？

附录1：阿拉善 SEE 生态协会介绍

阿拉善 SEE 生态协会诞生于 2004 年。当年，一场肆虐华北的沙尘暴唤起了一批中国企业家的社会责任意识。当年 6 月 5 日，近百位中国企业家追沙溯源，来到了内蒙古阿拉善地区的腾格里沙漠月亮湖畔，在共同愿景的感召下，共同成立了阿拉善 SEE 生态协会。SEE，是社会责任（Society）、企业家（Entrepreneur）和生态（Ecology）的英文首字母缩写。阿拉善 SEE 生态协会旨在搭建中国最有影响力的企业家环保平台，以"凝聚企业家精神，留住碧水蓝天"为使命，以"敬畏自然，永续发展"为价值观，推动中国企业家承担更多的生态责任和社会责任。

2008 年，阿拉善 SEE 生态协会发起成立阿拉善 SEE 基金会（注册名为北京市企业家环保基金会），2014 年升级为公募基金会。经过十多年的发

---

① 该奖项是由民政部颁发的我国政府最高规格的慈善奖项。

展,阿拉善 SEE 已经成为年亿元捐赠额体量的基金会。至 2016 年,阿拉善 SEE 生态协会已成立了 18 个项目中心,有超过 900 名的企业家会员参与,并运转着 10 个项目,直接或间接支持了 450 多家中国民间环保公益机构或个人的工作。

阿拉善 SEE 生态协会历任会长如下。
- 刘晓光:北京首都创业集团有限公司董事长;
- 王石:万科企业股份有限公司董事会主席;
- 韩家寰:大成食品(亚洲)有限公司主席;
- 冯仑:万通投资控股股份有限公司董事长;
- 钱晓华:融创中国控股有限公司董事。

阿拉善 SEE 基金会历任理事长如下。
- 吴敬琏:中国著名经济学家,任职于国务院发展研究中心市场经济研究所;
- 许小年:中欧国际工商学院经济学和金融学教授,曾为美林证券亚太高级经济学家,世界银行顾问,曾获中国经济学界最高奖"孙冶方经济科学奖"。

阿拉善 SEE 生态协会入会须知:

(1)为什么要加入阿拉善 SEE 生态协会?

阿拉善 SEE 生态协会是目前中国最具影响力的企业家环保组织,是企业家参与环保公益、践行环境和社会责任的首选平台。会员在这个平台上可以"深度体验"形式多样的环保行动,"知行合一"进行可持续经营哲学互动式学习,"身体力行"推动企业绿色经济转型以及尝试融入社会后的"自我超越"。

(2)加入阿拉善 SEE 生态协会有哪些权利和义务?

依据《阿拉善 SEE 生态协会章程》,任何会员都有权对协会重大事项进行表决,对协会工作提出建议和批评,投票选举(被选举)理事会、监事会和章程委员;阿拉善 SEE 基金会可为会员企业办理企业所得税税前扣除。与此同时,任何会员都有义务遵守协会章程并按时捐赠会费。

（3）会员活动的形式有哪些？

阿拉善SEE生态协会总部及各项目中心每年举行形式多样、主题丰富的会员活动，大致分为五种类型：第一，会员之间的联谊交流；第二，会员企业之间的互访和学习；第三，会员（企业）参加当地的环保活动；第四，出国访问考察、参加联合国等国际组织会议；第五，阿拉善SEE生态协会总部和项目中心的会员大会。

阿拉善SEE基金会开展的项目如附表1所示。

附表1　阿拉善SEE基金会开展的项目

项目名称	起始	项目简介
地下水保护	2004年	阿拉善SEE引进创新的商业手段，在阿拉善绿洲地带的农村社区推动节水现代农业，采用"社会企业—阿拉善SEE—政府—农民专业合作社—社区农户"五位一体的立体模式，采用商业手段、政府政策与社区需求三结合的方式，在保证社区农业健康发展的前提下，促进水资源保护政策的落地，减少农业灌溉对地下水资源的使用，同时逐步转变当地的农业发展方式与农户的思想意识
三江源保护	2012年	旨在守护7亿中国人的水源地。项目的主要目标是通过寻找、孵化、培训和资助基层环保组织/环保人，开展以社区为主体的濒危物种监测与保护、垃圾清理、自然影像拍摄等活动，应对濒危物种盗猎、水源垃圾污染等问题，从而形成"以农牧民为主体的保护"示范模式
创绿家	2012年	通过提供资金资助和其他支持等方式，致力于发掘和支持有组织化意愿的初创期环保公益团队
劲草同行	2012年	劲草同行项目是阿拉善SEE基金会于2012年12月发起的资助项目，由浙江敦和慈善基金会、南都公益基金会和深圳市红树林湿地保护基金会参与资助，合一绿学院共同执行。该项目通过辅导和陪伴成长期环保公益组织的关键人才，协助组织成长
一亿棵梭梭	2014年	由阿拉善SEE发起，联合阿拉善盟政府相关部门、当地牧民、合作社，以及民间环保组织、企业家、公众，搭建多方参与平台，共同致力于用十年的时间（2014—2023年）在阿拉善关键生态区种植一亿棵以梭梭为代表的沙生植物，恢复200万亩荒漠植被，从而改善当地生态环境，遏制荒漠化蔓延趋势，借助梭梭的衍生经济价值提升牧民的生活水平

(续表)

项目名称	起始	项目简介
绿色供应链	2016年	阿拉善SEE、中城联盟、全联房地产商会、朗诗集团和万科集团共同发起房地产行业绿色供应链行动，致力于通过绿色采购，推动钢铁、水泥、铝合金及木材等行业供应商改善环境表现，促进可持续发展
卫蓝侠	2016年	由阿拉善SEE基金会、阿里巴巴公益基金会和能源基金会等共同发起，致力于推动污染信息公开、污染源公众监督，企业污染减排与可持续发展，促进水、空气、土壤等环境污染问题解决的污染防治类环保项目
任鸟飞	2016年	是守护中国最濒危水鸟及其栖息地的一个综合性生态保护项目。该项目将在2016—2026年间，以超过100个亟待保护的湿地和24种珍稀濒危的水鸟为优先保护对象，通过民间机构发起、企业投入、社会公众参与的"社会化参与"模式开展积极的湿地保护工作，搭建与官方自然保护体系互补的民间保护网络，建立保护示范基地，进而撬动政府、社会的相关投入，共同守护中国最濒危水鸟及其栖息地
诺亚方舟	2016年	致力于建构一座活体的诺亚方舟，在中国西南原始森林之间的高原湿地之上，让自然物种自由繁衍，不离开原生地家园。目前包含了4个具体项目：滇金丝猴保护、喜马拉雅蜂、濒危药用植物、生态卫浴
留住长江的微笑	2016年	致力于保护长江江豚的项目。该项目联合地方非政府组织、高校、科研单位和政府共同参与，搭建江豚守护者协同平台

附录2：参与阿拉善SEE慈善信托破冰之旅的组织和人员

北京市民政局慈善工作处，北京市中伦律师事务所，广发银行股份有限公司北京分行，中信信托股份有限公司。

阿拉善SEE公益金融班委托人：

艾路明、陈波、陈军华、陈琳琳、陈鸣、陈文杰、褚小波、杜树华、何晶晶、贾辉、李冰迪、李凤德、孙忠伟、王智鑫、吴昊、吴炜、吴卫兵、肖英灼、徐奕、薛超、于亚超、张泉、赵成龙、郑立昌、朱玉迎南都基金会理事长、国务院参事室特约研究员徐永光先生，北京大学法学院非营利组织法研究中心主任、北京大学法学院副教授金锦萍女士，北京师范大学法学院讲师、《中国非营利评论》执行主编马剑银先生。

参考文献

1. 周秋光，曾桂林.当代中国慈善事业发展历程回顾与前瞻［J］.文化学刊，2007，(5)：14-22.
2. 杨团．中国慈善发展报告（2019）［M］．北京：社会科学文献出版社，2019．
3. Giving USA Foundation．Key findings from giving USA 2019：The annual report on philanthropy for the year 2018［R/OL］．(2019-06-18)［2019-09-18］．https：//givingcompass.org/pdf/key-findings-from-giving-usa-2019-the-annual-report-on-philanthropy-for-the-year-2018/．
4. 王建军，燕翀，张时飞．慈善信托法律制度运行机理及其在我国发展的障碍［J］．环球法律评论，2011，33（4）：108-117．
5. 百瑞信托．《慈善法》背景下的公益信托研究［EB/OL］．(2018)［2024-11-29］．https：//brxt.net/Uploads/Ueditor/Upload/File/20161101/1477966904803575.pdf.
6. 银监会鼓励信托公司开展公益信托支持灾区重建［EB/OL］．(2008-06-05)［2024-12-31］．https：//www.gov.cn/jrzg/2008-06/11/content_1013896.htm.
7. 陈赤．慈善信托扬帆起航［J］．中国金融，2016，(19)：3．
8. 慈善信托：成功"抢滩"还是错位"登陆"？［EB/OL］．(2016-09-20)［2024-11-29］．https：//www.sohu.com/a/114702468_155403.
9. 全国推出10项慈善信托计划，受托人无一慈善组织［N/OL］．2016-09-22［2024-11-29］．http：//health.people.com.cn/GB/n1/2016/0922/c14739-28733787.html.

要影响力还是要解决实际问题？
——美团外卖"青山计划"的缘起与发展[*]

杨东宁、王小龙

创作者说

"外卖"是一个与大众生活息息相关的有趣话题，"环保"是一个事关全人类可持续发展的重大议题。这两个关键词叠加在一起将会碰撞出怎样的火花？美团外卖的"青山计划"给了我们答案。随着以限塑令[①]为代表的一系列环保政策的出台，大量使用一次性包装的外卖行业被推上风口浪尖，浪费资源和破坏环境的指责声不绝于耳。在这样的背景下，美团外卖于2017年8月31日正式推出"青山计划"，成为业内首个上线餐具选择功能的平台。

本案例回顾了美团外卖"青山计划"的起源，梳理了其发展脉络，并详细介绍了"青山计划"的四大板块：环保理念倡导、环保路径研究、科学闭环探索和环保公益推动，以及团队在实践中遇到的问题。从最初消费者在美团外卖平台点餐结算时会发现"无需餐具"选项，到推动商家使用绿色包装、试点餐盒回收，数十万商家参与青山公益行动，初步形成合作生态——本案例通过系统性地展示外卖平台环保项目建设的过程，呈现出平台型企业在承担社会责任方面所作的努力。在案例的最后，我们讨论了"青山计划"未来发展的可能路径，包括继续深化四大板块、解决技术难题、扩大影响力等。前路漫漫，"青山计划"项目团队自身也尚未有绝对清

---

[*] 本案例纳入北京大学管理案例库的时间为2020年8月8日。

[①] 即发布于2007年的《国务院办公厅关于限制生产销售使用塑料购物袋的通知》。

晰的目标和十足的把握。"青山计划"的未来还会有哪些创新的可能？短期内资源投入哪里？解决实际问题和提升影响力之间的天平该如何平衡？这些都有待时间去回答，也有待读者去思考和分析。

引子

"青山计划"是美团外卖于2017年8月推出的关注环保议题的社会责任项目。从最初消费者在美团外卖平台点餐结算时会发现"无需餐具"选项，到数十万商家参与，初步形成合作生态，"青山计划"日趋形成体系，团队也在实践中亲历诸多问题与矛盾。

"我们是集中所有精力，做一个具有极大影响力的公益符号，还是切实从行业环保角度考虑，把所有环节都做到位，真正把这一领域的一次性包装废弃物明显降下来，推动整个行业的可持续发展？"

"我们找遍了全行业，目前尚未有既能保持成本不大幅上涨，又能有塑料餐盒一样的密封性、保温性、便于运输等特点的替代产品，这让我们如何推动外卖行业环保事业的发展？"

"平台看似是强势的一方，对商家和消费者都能实现'说一不二'，但事实真的如此吗？外卖平台在这场环保战役中究竟该是何种角色？"

种种问题，都让"青山计划"虽一路前行，但也挑战重重。了解"青山计划"的台前幕后，梳理其决策与发展，也许将有助于我们更清晰地勾勒与描绘它的未来。

一、"限塑令"引发的行业危机感

"绿水青山就是金山银山"，习近平总书记的"两山理论"，成为当前引领中国社会科学发展的重要依据。多年来，中国围绕环保主题，从多个领域不断制定相关政策法规，牵引和实践着社会主义经济的可持续发展。

2020年1月16日，《国家发展改革委、生态环境部关于进一步加强塑料污染治理的意见》印发，这一被称为"新限塑令"的政策引发了社会各界的广泛关注。实际上，国务院办公厅 2007 年就已印发了第一版"限塑令"——《关于限制生产销售使用塑料购物袋的通知》[1,2]，十余年来，超市等零售环节的购物袋不再"随购物而派发"，通过有偿使用等规定，在一定程度上减少了塑料购物袋的污染。但一个显而易见的问题是，"随着经济社会的发展和消费的不断增长，塑料的增量把'限塑令'所取得的效果给掩盖了"[1,2]。

《中国快递包装废弃物产生特征与管理现状研究报告》显示，2000 年到 2018 年期间，我国对各类快递包装的消耗直线上升，从开始的 2.06 万吨激增到 941.23 万吨（塑料包装约 85.18 万吨），产生了大量的包装废弃物，由于不易回收，再生替换成本高且利润低等原因，绝大多数的快递包装废弃物都被混入了生活垃圾[1]。

正因如此，"新限塑令"所涵盖的领域更加广泛。例如，其中提到"到 2025 年，地级以上城市餐饮外卖领域不可降解一次性塑料餐具消耗强度下降 30%""到 2020 年底，直辖市、省会城市、计划单列市城市建成区的商场、超市、药店、书店等场所以及餐饮打包外卖服务和各类展会活动，禁止使用不可降解塑料袋""在餐饮外卖领域推广使用符合性能和食品安全要求的秸秆覆膜餐盒等生物基产品、可降解塑料袋等替代产品""电商、外卖等平台企业要加强入驻商户管理，制定一次性塑料制品减量替代实施方案，并向社会发布执行情况"[4]。

前瞻产业研究院 2020 年 3 月发布的报告显示，中国在线外卖行业高度集中，截至 2019 年第三季度，美团外卖以交易额为维度的市场占有率达到 65.5%，饿了么和饿了么星选占比分别为 27% 和 5.2%，两家外卖平台总计占比 97.7%。

每天数百万份外卖被送到客户手里的同时，也产生了数百万的塑料包装垃圾。如何处理一份外卖所需要的塑料袋、塑料餐盒和餐具成为一个棘手的环境问题。2017 年 9 月 1 日，重庆市绿色志愿者联合会以几大外卖订餐平台存在经营模式缺陷，未向用户提供是否使用一次性餐具的选项，造成了巨大的资源浪费和极大的生态破坏为由，向北京市第四中级人民法院提起诉讼。一时之间，外卖平台被推上舆论的风口浪尖。[3]

美团外卖社会责任委员会秘书长杨碧聪女士表示："2017年，我们预见到业务发展、舆论关注和限塑等环保政策，将可能在未来产生冲突，因此，早在'青山计划'启动前，美团外卖已经联合社会各界力量，开展了一系列环境保护工作。2017年6月29日，美团外卖联合中华环境保护基金会、中国烹饪协会以及数百家餐饮品牌成立了'绿色外卖联盟'，发起'十条行业公约'。内外部环境的变化也促使美团外卖计划成立一个专门的小组，以限塑令、环保为起点，尝试策划和实施环境保护议题的社会责任项目。"

"我们要思考一个重要问题。"美团联合创始人、高级副总裁王慧文曾向团队发问："任何事物都有两面性，那么美团外卖的业务，向社会输出的价值，是否大于造成的其他影响？如果结论是正向的，我们的业务就会不断壮大。那如果是相反的，我们该如何改善？"

在这样的顶层思考下，2017年，包括食品安全、骑手关怀、营养健康等在内的项目和计划不断提出，"青山计划"也是其中一项……从一个思路到多个具体工作及活动，经历了半年多的酝酿，"青山计划"于2017年8月31日正式推出，以在美团外卖平台上线"无需餐具"选项为重要的外在表现形式，成为业内首个上线这一功能的平台（见表1）。同年9月，饿了么迅速跟进，推出"蓝色星球"计划，主张与功能和"青山计划"类似。2017年可谓在线外卖平台的"环保元年"。

表1 2017年启动"青山计划"一期工作内容

序号	工作内容
1	成立专门的项目团队负责推动"青山计划"的规划与落地
2	在美团外卖平台上增加新的功能选项，以方便不需要一次性餐具的用户勾选，同时鼓励用户"自备餐具"
3	启动"美团外卖环保日"活动，向商家和消费者宣传环保理念并推广公益行动，每月一天
4	联合相关方共同策划"环保餐盒包装推广工程"，并对使用环保餐盒的商户进行专门标识区分

(续表)

序号	工作内容
5	组建"环保顾问团",公开专门邮箱接受社会公众的建议与监督
6	定期披露"青山计划"的进展情况

资料来源：作者根据公开报道整理。

为了更好地具体落地各项计划，美团外卖于2017年9月成立了"社会责任委员会"，由各个事业群的一把手作为委员会成员，思考和实施相关工作。"社会责任办公室"成为落地的执行机构，"青山计划"也开始组成专职团队，进行实体化运营。

"青山计划"最初是在一个防守策略下推出的关注环保议题的社会责任项目，但很快伴随着竞争对手的跟进，"青山计划"在竞争中开始思考发展。随着各种设想越来越丰满，"青山计划"项目团队成为美团外卖社会责任办公室下属的独立项目团队。同时，伴随着"青山计划"的不断发展，项目团队的成员组成更加专业和多元，职责也更加清晰。

"我们首先要解决的问题是，'青山计划'除了是美团外卖平台上的一个功能，未来还可以有哪些发展？我们的目标除了防守，还有哪些创造性的行动？应该如何实现这些目标？""青山计划"项目团队负责人田瑾表示，"'青山计划'的上线产生了很大反响，美团外卖平台的活跃用户数以亿计，'无需餐具'的选项使用率达到初步预期，但过程中也出现'选了不要餐具而依然送来了餐具'等具体问题，这带给项目团队新的思考。"

"'青山计划'给用户的感知是很直接的，背后则一定要有很深的内涵才能支撑起整个事情。这不是一项运营功能，而是一场体现整个美团外卖企业社会责任的重头戏，甚至完全有机会构成美团外卖的差异化竞争优势。"

二、"青山计划"行动脉络初定

2017年是中国在线外卖平台的大发展之年，用户量大幅增长，其后几年增速趋于缓和，与此同时，美团外卖在持续扩大市场份额（见图1）。

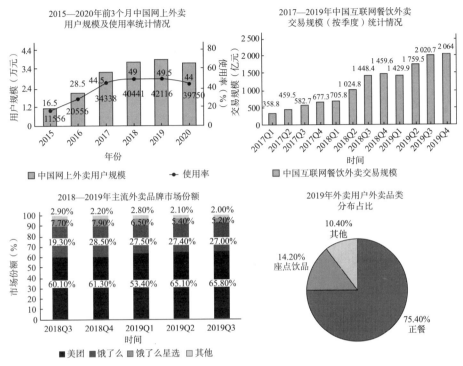

图 1　外卖行业相关发展数据

资料来源：易观国际、中国互联网络信息中心前瞻产业研究院公布资料，作者整理所得。

"青山计划"推出后，美团外卖遇到的首要问题在于，消费者选择了"无需餐具"，商家却还是提供了餐具，或者商家按消费者选择没有提供餐具，反而遭到部分消费者投诉等情况，这些直接影响了"青山计划"在运营初期的落地效果。

"一方面，在整个外卖配送结束后，我们通过给下单时选择'无需餐具'的用户推送一个小调查，以用户反馈来感知商家是否依然配送了餐具；另一方面，我们对用户选择'无需餐具'后却投诉或抱怨商家没有配送餐具的行为，从商家评价体系中进行了识别和处理。""青山计划"项目团队"前端减量"板块的负责人周焱在回顾这一阶段遇到的具体执行问题时这样表示。这些问题的出现和解决，也让"青山计划"的发展思路不断得到补充与完善。

"如果说我们最终的诉求是减少外卖平台一次性包装废弃物的数量,那么消费者、商家,以及塑料餐盒或包装袋的制作方,甚至相关塑料废弃物的回收处理方,所有人都与这一目标息息相关,缺少了哪个环节,或者哪个环节的认知不到位,都会直接影响我们目标的实现。""青山计划"项目团队逐步发现,"外卖平台虽然在很多人眼里实力很强,影响力很大,通过一些功能上的改进,立刻影响千万人,确实具有很高的效率,但实际操作环节也必须考虑竞争、合作、技术实现等因素。商家、消费者各方的意识是否愿意改变、如何形成合力……一系列问题接踵而来"。

1. 问题引发的系列思考

美团外卖整体的企业社会责任理念包含三大思考原则,这成为激发"青山计划"相关思路的思考原点(见图2)。

图 2 美团外卖社会责任理念

资料来源:作者根据资料整理所得。

与此同时,"青山计划"项目团队参考了大量国内及国际餐饮、快消等行业关于减塑和环保方面企业社会责任活动、项目的相关做法。他们渐渐发现,千变万化的做法中,本质的"模块"有着基本的规律。例如,整个事情一定分为前、中、后几个环节:在前端,应该推进源头减量和包装材料替换升级;在后端,做回收和循环再生;在中间的供应链条上,平台可以推动商户采购符合标准的包装材料,或提供指南及管理体系,以"赋能"商户的方式让环保更容易为各方所接受。

这种思路是操作环保主题的基本逻辑,不同平台有对应自身资源的不同演绎。"青山计划"项目团队开始按照这样的"树干",根据自己的"土壤",搭建和设想自己的"枝繁叶茂"。

对于消费者和商家,应该推动他们有更好的环保意识。外卖与消费者的日常生活息息相关,高频的行为是践行社会责任最好的场景之一,所以"环保理念的倡导"一定是个方向。

环保是个大概念,如果可以从"青山计划"本身出发,形成一定的"辐射",聚合商家力量推动环保公益事业的发展,则是一种创新,也能收获更大的影响力,所以"环保公益推动"也应该成为一个模块。

美团外卖社会责任委员会秘书长杨碧聪说:"很多平台商户乐于主动参与公益,贡献自己的一份力量,但个体商家的能力有限,如果没有有效的助力公益渠道,很难独立支持某个项目。美团外卖连接着几百万商家,希望真正发挥平台的多边市场带动作用,其中蕴含着很多创新的空间。"

在线外卖平台以及外卖行业如何科学、完整地推进环保事业,这是一件以前没有过的事情,是一个创新,更是一项探索,需要科学方法的指引,所以应该把"环保路径研究"也作为模块之一。

既然要完整地去做这件事情,一定不是今天在在线外卖平台上线一个通知,明天组织一场现场公益活动这样碎片式的操作,"研究"需要时间,"青山计划"需要研究与实践齐头并进,从全产业链上下游整体角度探索行业可持续发展思路,开展"科学闭环探索"。

根据基本逻辑,结合创新的环境,再根据最初亮相后的迅速感知,依据"应尽""必尽""愿尽"的理念,"青山计划"的顶层设计开始逐步完善。

"环保理念倡导""环保公益推动""环保路径研究""科学闭环探索"开始被团队越来越多地提及与讨论,最终形成四个板块,并以此作为骨架,支撑起整个"青山计划"后续的各种活动与行为(见表2)。相应的,"青山计划"项目团队成员除了设置总体负责人——项目总监,还有其他成员分工负责环保路径研究、前端减量、后端回收和循环再造、"青山公益商家"运营等工作。

表 2 "青山计划"四大板块的思考

四大板块	灵感起点
环保理念倡导	美团外卖集结了近 4 亿用户、400 万商家,是一个很好的宣传阵地
环保公益推动	美团外卖上的 400 万商家是我们最直接的合作伙伴,他们中很多也希望能参与环保,但不知该如何去做,我们是否能发挥平台能力,做些事情?中华环境保护基金会一直与美团外卖进行合作,"青山计划"该如何借力
环保路径研究	从外卖整体的环境影响、生命周期分析的角度去研究清楚,我们这个行业对环境的影响到底是什么样的?我们能够采取什么样的措施和路径,把整个行业环保的进程往前推一推
科学闭环探索	各方经验表明,包装环保需要从生命周期出发考虑,源头减量、包装升级、分类回收、循环利用,这四个阶段形成闭环。"青山计划"应从每个环节着手探索解决方案,实现切实的环保目标

资料来源:作者根据访谈整理所得。

2. 贯穿始终的两大矛盾

四大板块的浮现,让"青山计划"项目团队充满了创新的喜悦,同时也让整个"青山计划"更加丰满,更有框架可以参考和把握。但这一过程并非只有喜悦,随着构思不断完善,"矛盾点"也开始逐步浮出水面。

其中很重要的一个矛盾在于,几乎所有人都认为平台有巨大的能力,"想让谁怎么办,谁就会怎么办",例如,可能有些利益相关方会认为,平台只需下发一则通知,上线一个功能,就能让商家必须使用环保材料,消费者由此也只能选择环保材料。

"最初我们也很乐观,但在真正的实践中去'用脚丈量'这条路的深浅难易,我们发现这本身是个庞大的主题,平台也要兼顾发展与竞争,兼顾内外部各方利益。"美团外卖社会责任委员会秘书长杨碧聪说,"一个显然的矛盾点在于,包装废弃物问题是整个产业链条造成的,也与技术水平和城市治理水平息息相关,平台只是其中交易撮合和履约配送的一个环节。平台的能力边界、平台在推动整个减塑的环节中适合扮演什么样的角色,不同的人会有不同的看法,不同的时间也适用不同的原则,并没有绝对的对与错。而这也一直在影响着'青山计划'的整个策划及实施。"

因此,"青山计划"的发展,实际上也是美团外卖对自身能力、规则、模式、与商家的关系、与消费者的关系、与大众的沟通的一次梳理。

另一个矛盾点,杨碧聪认为,不单来自项目团队,更来自整个事业群内部,可以说是"从头"开始就一直笼罩着自己。"我们是做一件很有影响力、特别有感染力的事情,让每一个用户提到相关事情,都能把正面、环保的标签贴到我的身上,还是应该认真考量所做的事情,是不是真的能改善外卖行业的环保现状,能改善多少,是不是这边改善了,那边反而有副作用,等等。虽然这两个目标不是非此即彼的关系,最终也将走向统一,但显然在短时间内难以兼得。"

"青山计划"一方面是框架初定、脉络初见雏形;另一方面是两大矛盾或者说"困惑",让团队带着问题一路前行。在项目团队进行思索的同时,美团外卖及社会责任办公室在这一阶段也综合各方意见,做出相应的顶层设计——"做行业环保进程的推动者"。

美团高级副总裁、到家事业群总裁王莆中表示:"'青山计划'是美团外卖在环保工作上联合生态伙伴共求绿色发展的积极探索。希望可持续发展的理念能够真正植入产业链条的各个环节中去,只有每个行业参与者都立足当前、着眼长远,才能实现整个行业的健康、可持续发展。"

三、"青山计划"的第一年:布局四大板块

2017年8月31日启动后,"青山计划"根据上述思考脉络与框架布局,以及"做行业环保进程的推动者"这一战略目标的牵引,分别在四大板块实施了启动性项目及活动(见表3)。

表3 "青山计划"第一年的相关活动

时间	四大板块	项目/活动	解读
2017年9月25日	环保公益推动/环保路径研究	联合中华环境保护基金会设立"青山基金",并先期投入300万元资金,用于外卖环保领域的路径研究	餐饮外卖行业首个环保公益专项基金
2018年3月12日		发起"青山公益行动",号召商家参加,所有参与"青山公益行动"的商家,在美团外卖平台的商家页面均有"青山公益商家"标识。用户在该商家下的每一笔订单完成后,商家均捐赠小额善款。商家所有捐赠善款会转入中华环境保护基金会"青山基金"账户,用于"青山基金环保项目"	美团外卖发现很多商家想参与到外卖环保的事业中,但是不知道做什么,具体怎么做。出于这个原因,"青山计划"与商家联盟携手,共同推进环保事业的发展
2017年9月30日	环保理念倡导	首期"美团外卖环保日"上线,每月最后一天携手合作伙伴宣传环保理念	具有仪式感的活动,更能激发用户参与积极性和对环保的感知。美团外卖将每月最后一天设置为"美团外卖环保日",用户完成指定环保行为可获一定的环保能量,并可将能量兑换成公益金,捐赠到"环保设施公众开放基金"中
2017年11月20日/2018年1月18日、5月10日、6月4日	科学闭环探索	在上海进行"以纸代塑"试点;在自有B2B平台"快驴进货"开辟环保专区,吸引环保类包装材料供应商进入;推出外卖垃圾智能分类垃圾桶;与上海市长宁区环境保护局实现数据互通,督促未进行环保备案的商户积极办理备案	从源头、回收、供应链等角度,切实推进在线外卖平台减塑及环保事业的有效落地

资料来源:作者根据相关资料整理所得。

美团外卖社会责任办公室认为，"青山计划"第一年的探索非常有意义，让项目团队更清晰地认识到，社会责任项目是一个系统工程，涉及众多利益相关方，其与眼前的增长机会往往存在一定程度的冲突，但长期坚持可以带来持久的系统性好处，为企业形成具有深度的竞争壁垒。所以，一定要有系统性的布局，持续地推进，才会让整个事情发挥其应有的价值，而这一过程，也只有不断地实践和尝试，才有可能不断地发现和改进。

"我们的优势在于，各种尝试始终遵循着一个战略目标、四个板块的体系，这让'青山计划'有的放矢，更体系化、更深入地思考和探索整个行业遇到的问题，"美团外卖"青山计划"项目总监田瑾表示，"例如，我们在推动商家使用环保包装盒时发现，针对中餐，没有既符合环保要求又兼具成本考量的合适材料。中餐的高油、高温等特点对包装材料的要求比较苛刻，比如水煮鱼，无法使用流行的纸质或纸浆模塑秸秆等包装盒、淋膜纸碗等产品，用这些产品盛放，手持边走边吃也许还可以，但对于外卖配送而言，容易出现撒漏等问题。有的网友曾贴出一些商家直接用'砂锅'来作为包装的段子，但这显然不可能普遍推广。这些都在我们的思考和探索范围内。"

此外，通过与国内相关科研机构合作，对环保路径进行研究，美团外卖还发现，如果塑料得到妥善的末端处理，比如说进行焚烧，从全生命周期的角度来看，它的污染其实是可控的，像铝箔等非塑料材质，整体对于环境的影响还是要大于塑料的……这些问题的提出和深入研究既对"青山计划"提出了挑战，也给"青山计划"带来了诸多有益的启迪。

四、"青山计划"的第二年：发展目标引领

2018年8月30日，在"青山计划"一周年之际，"青山计划"项目组推出了"青山合作伙伴计划"，这既是对一周年的献礼，也是通过一年的实践，有所洞察后对"青山计划"的持续推进（见图3）。

可持续发展：生态文明的构建

图3 "青山计划"第二年开展的各类活动

资料来源：作者根据相关资料整理所得。

"青山合作伙伴计划"旨在携手各界合作伙伴，从废弃源头减量、垃圾回收处理、环保公益推动三个层面探索外卖行业的可持续发展之道，这一计划同时发布了整个"青山计划"2020年目标：

第一个目标，找到100家以上的外卖包装合作伙伴；

第二个目标，找到100家以上的循环经济合作伙伴去落地垃圾回收循环体系的试点；

第三个目标，找到10万家以上的青山公益商家，通过青山基金和美团公益平台支持社会公益组织，发展环保公益。

从平台"单打独斗"，到与合作伙伴广泛结盟，从平台是"万能"的，到平台成为中枢，从单一功能性的引导，到平台引领，形成系统的环保生态，"青山计划"用365天的时间，实现了这些改变与"进化"。

问题的提出比解决问题更重要。事实上，在制定明确具体的 2020 年目标的同时，"青山计划"项目团队已经开始明确诸多问题。例如，现有技术条件的不成熟与地方政府"一个时间点"一刀切地要求落实环保政策之间存在矛盾；再如，究竟是将主要精力聚焦在做一件具有广泛影响力的事情上，还是切实关注整个闭环过程的每一个环节，实现真正的环保目标之间存在矛盾……平台的手段是否有力？公众本身就有认知偏差，技术能力又不匹配，平台责权、监管治理都有一定程度的模糊……

2019 年 3 月 21 日，中华环境保护基金会"美团外卖青山计划专项基金"环保顾问团成立，专家共同会商研讨，既对"青山计划"建言献计，也形成智库力量向相关部门传递一线声音。

2019 年 8 月 1 日，在《上海市生活垃圾管理条例》施行的当口，美团外卖 App"我的"入口中新增"分类助手"功能。该助手是首个基于外卖热门菜品大数据的垃圾分类查询工具，在日常生活垃圾词库基础上增加了超过 500 个外卖热门菜品，此外还包括各类材质的外卖包装物分类指南。用户可根据订餐菜品在美团外卖平台查询分类方法，解决餐后垃圾分类之忧。

2019 年 9 月 10 日，美团外卖委托中国企业管理研究会开展"美团外卖企业社会责任生态系统架构研究"，希望通过此项研究，能较为深入地探索平台型企业社会责任相关规律，划清责任边界，为美团外卖搭建起一套社会责任整体范式。

2019 年 12 月 19 日，美团外卖在中国塑料加工工业协会降解塑料专业委员会工作会议上，发布了与高校联合研究的成果——《外卖包装常识科普报告》。

通过各种各样的活动，可以看到，美团外卖在依据既定路径，推进"青山计划"的深入施行。而在最让人印象深刻的源头减量、包装升级、分类回收、持续利用这"前、中、后"四阶段的投入上，"青山计划"也在这一年动作频频，并在后端回收上取得了比较大的进展。

例如，"青山计划"在北京、上海、广州、深圳、海口、三亚等多个城市试点投放全生物降解塑料袋，截至 2019 年年底已投放超 1 000 万份环境友好型包装。此外，在美团外卖自有 B2B 平台中，还设立了环保包装专区，不断引入行业领先的环保包装供应商，将绿色包装作为常规物料供商户选购，目前正在持续引入包装袋、餐盒、餐具等多品类供应商。

再如，"青山计划"与腾讯志愿者协会一起策划了"盒聚变"——外卖餐盒回收活动（活动选在上海腾讯大厦，现场参与突破 2 000 人次），为上海 1 000 辆摩拜单车（现更名为"美团单车"）装上由塑料餐盒回料制成的单车挡泥板。"青山计划"通过与腾讯、美团单车合作，进一步打通了从源头减量、废弃物回收、循环制造再到大规模应用的完整链条，为餐盒塑料循环再造形成规模化、产业化提供了宝贵样本，迈出了重要一步。

以此为代表，"青山计划"在这一年里，还联合喜茶、"爱分类"、麦田音乐节，通过各种各样的主题活动，推广餐盒循环利用等相关环保理念。

2019 年 8 月 31 日，"青山计划"对外披露了其两周年推进环境保护的工作成果（见表 4）。

表 4 "青山计划"两周年对外公布的主要成果

四大板块	项目/活动	解读
环保公益推动/环保理念倡导	"青山公益行动"于 2018 年 3 月开启，截至 2019 年 8 月，约有超 6 万商户、7 500 万用户参与，通过"青山公益商家"完成订单近 2.5 亿单，相关捐款突破 300 万元 在云南、甘肃等地扶持超过 800 亩生态友好林 对全平台 360 万商家开放"青山公益行动"，用户只要在"青山公益商家"完成订单，商家就会捐出微小的公益金，投入生态林的种植工作中	影响力迅速扩大，截至 2020 年 6 月，参与商家突破 20 万 "青山计划"两周年之际正式扩大参与范围，意味着其不局限于外卖餐盒、包装的"小循环"，而是全力推动生态林的种植，从更大层面来践行社会责任
环保路径研究	成立外卖行业首个环保专家顾问团	与专家开展环保路径研究，探索外卖行业绿色发展方案

（续表）

四大板块	项目/活动	解读
科学闭环探索	在包装升级环节，"青山计划"参与首个外卖餐盒团体标准制定，并在全国投放900万份环境友好型包装 在分类回收环节，"青山计划"与合作伙伴先后开展200多个垃圾分类及餐盒回收再生试点	从源头、回收、供应链等角度，推进在线外卖平台减塑及环保事业的有效落地

资料来源：作者根据公开报道整理所得。

五、"青山计划"的第三年：加速生态联动

2019年8月31日以后，是"青山计划"实施的第三年，各种活动依然在围绕一个战略目标、三大目标任务、四大板块来进行（见表5）。这一年，在"青山计划"的带动下，整个产业链上下都已经行动起来，从技术、产品、标准方面开展很多工作。尤为难得的是，通过7月22日正式发布的首批降解塑料类、纸质类包装推荐名录，"青山计划"通过外卖包装绿色供应链项目，在包装源头实现了突破。

与此同时，各地政府的"限塑令"及相关政策，也紧锣密鼓地相继出台。从垃圾分类到源头限塑，海南省甚至推出"2020年底前全省全面禁止生产、销售和使用一次性不可降解塑料袋、塑料餐具"的相关政策和要求。

尽管政策压力较大，但实际上路径已然比刚开始的时候要清晰得多，联动的主体也更多、更有力，"青山计划"与包括专业环保机构、品牌餐饮公司、政府、高校师生、餐盒厂商等均建立了更有针对性的合作，在科学闭环探索板块着力更多。

表5 "青山计划"第三年的相关活动

时间	四大板块	项目/活动	解读
2019年12月19日	环保路径研究	发布了与北京工商大学联合研究成果——《外卖包装常识科普报告》	指导餐盒厂商、外卖商家、消费者在各自的环节选择合适的包装,做到物尽其用
2020年4月22日	环保理念倡导	美团外卖青山计划联合西贝、和合谷、吉野家等68个餐饮品牌发起垃圾分类环保倡议,并成立餐饮行业首个外卖餐盒回收联盟,联动首批20个餐饮品牌在北京、上海和深圳三个城市,开展为期一周到一个月的外卖餐盒回收试点工作[5]	联合倡导适量点餐以及餐具减量等环保行动,共同提升公众环境保护意识
2020年4月29日	科学闭环探索	垃圾分类查询工具于4月29日上线美团App	解决消费者餐后垃圾分类之忧
2020年6月5日	环保理念倡导/科学闭环探索	六五环境日,在共青团中央社会联络部和中华环境保护基金会指导下,美团外卖联合全国青少年生态文明教育中心共同发起首届"青山杯"全国高校外卖包装环保创意挑战	激发在校大学生创新潜能,聚集年轻的力量,为外卖包装环保化提供解决方案,促进行业可持续发展
2020年6月18日	科学闭环探索	餐盒回收预约功能正式上线,用户可通过美团外卖App—我的—垃圾分类—预约回收下单,初期服务覆盖上海,除一次性塑料餐盒外,用户也可以回收书籍、衣服类等其他可回收物	在后端垃圾处理方面,进一步促进外卖塑料餐盒的回收再生
2020年7月22日		美团外卖首次对外公布"青山计划"首批绿色包装推荐名录	为有意愿采用环保包装的平台餐饮商户在其选择产品和供应商时提供参考名录,为外卖平台行业绿色供应链建设提供支撑

资料来源:作者根据公开报道整理所得。

美团外卖社会责任委员会秘书长杨碧聪表示："2020年的三大目标，我们已经提前完成。也许从未来回顾当下，2020年的'青山计划'只是刚刚开始，'青山计划'三周年将开启一个全新的阶段，当前'生态'已初步形成，我们会通过一系列的项目，进一步推动整个计划向'生态联动'深化升级。"与此同时，经过三年的发展，美团外卖内部各业务部门，都对"青山计划"形成了强烈的共识。从"有点懵""就是一个公关活动"的认知，到认为这是美团外卖打造差异化竞争优势的重要举措。在业务发展中，甚至业务部门会主动寻找与"青山计划"的结合点。

谈到未来发展可能遇到的问题，杨碧聪表明："我们确实做了很多事情，取得了预期效果，但从现在到未来也遇到一些挑战。例如，一次性包装材料遇到的某些问题，现在技术上就是解决不了，或者解决了意味着包装费要上涨很多倍①，商业上不成立；再如，我们与行业中知名的环保活动相比，无疑还存在影响力上的巨大差距，随着美团外卖成为这个行业的第一名，每天影响数亿用户，团队也面临下一步如何去深化'青山计划'的问题；还有更直接的问题——环保行为如何支撑业务发展？"

不难看出，"青山计划"的全景已经基本呈现出来，其背后的故事与历史，甚至思考与复盘，也已初现端倪。但未来，包括项目团队自身，都尚未有绝对清晰的目标、绝对坚定的信心、绝对十足的把握……由发展而带来的诸多不确定性，让"青山计划"虽然硕果累累，但也前路漫漫。在这样的背景下，"青山计划"的三周年及未来，会有哪些创新的可能？"青山计划"的目标、路径，两大矛盾与四大板块，可以做何种努力？又是否有改进和完善的可能？

参考文献

1. 熊丽. 多地出台塑料污染治理政策措施：新"限塑令"新在哪（经济日报）[N/OL]. 经济日报，2020-07-09 [2024-12-31]. https：//baijiahao. baidu. com/s？id=167168

---

① 根据《红餐网》相关文章估算，各类塑料餐具及包装，根据采购量、品类差异，与环保包装的价格差距为1.5~5倍。

5573968073174&wfr=spider&for=pc.

2. 贾玫. 环境污染严重 从限到禁白色污染治理再加码［N/OL］. 中国商报, 2020-07-11［2024-12-31］. http：//www.chinaidr.com/tradenews/2020-07/143162.html.

3. 郭诗卉."新版限塑令"下的外卖垃圾难题［N/OL］. 北京商报, 2020-01-21［2024-12-31］. https：//baijiahao.baidu.com/s?id=1656333225528884863&wfr=spider&for=pc.

4. 王璐. 国家出台政策重拳治理塑料污染［N］. 中国石化报, 2020-02-25（8）.

5. 美团成立外卖餐盒回收联盟［J］. 绿色包装, 2020,（05）：27-28.